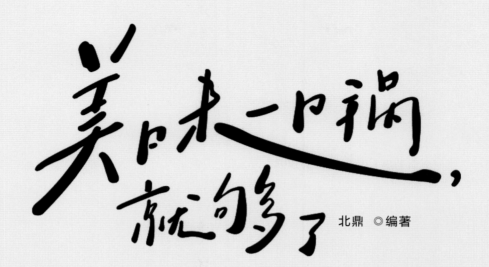

美味一口锅，就够了

北鼎　◎编著

青岛出版集团｜青岛出版社

图书在版编目（CIP）数据

美味，一口锅就够了 / 北鼎编著 . — 青岛 : 青岛
出版社 , 2022.12

ISBN 978-7-5736-0515-3

Ⅰ . ①美…　Ⅱ . ①北…　Ⅲ . ①中式菜肴 – 菜谱 Ⅳ .
① TS972.182

中国版本图书馆 CIP 数据核字 (2022) 第 189740 号

MEIWEI , YI KOU GUO JIU GOULE

书　　　名	美 味 ， 一 口 锅 就 够 了
编　　　著	北鼎
菜 谱 提 供	梅之小榭　山地姐　王光光
出 版 发 行	青岛出版社
社　　　址	青岛市崂山区海尔路182号（266061）
本 社 网 址	http://www.qdpub.com
邮 购 电 话	0532-68068091
策　　　划	周鸿媛　孙　真　李　玲
责 任 编 辑	逄　丹　刘百玉
特 约 编 辑	王　燕　王雪淘　李颢彤
装 帧 设 计	蔡慕娴　黄奕珊　卢炜珊　潘西子　叶德永
制　　　版	青岛千叶枫创意设计有限公司
印　　　刷	青岛嘉宝印刷包装有限公司
出 版 日 期	2023年6月第1版　　2023年6月第1次印刷
开　　　本	16开（889毫米×1194毫米）
印　　　张	9
字　　　数	180千字
图　　　数	307幅
书　　　号	ISBN 978-7-5736-0515-3
定　　　价	49.80元

编校印装质量、盗版监督服务电话　4006532017　0532-68068050
建议陈列类别：美食类

烹饪
不仅仅是做饭

三位珐琅锅爱用者的下厨专访

梅之小榭 ＼ 山地姐 ＼ 王光光

梅之小榭

微博、下厨房、小红书等平台常驻美食博主，微博『粉丝』近 200 万，平时醉心美食、花艺，喜欢小动物，研制的菜肴以家常、精致见长，能够充分表达其特有的『新中式』美学理念。

烹饪最吸引你的地方是什么？

烹饪最吸引我的地方是它能给我带来很多成就感。那些看似普通的食物，在我的手下逐渐变成美味的菜肴，这种感觉是非常美好的，是不可替代的。

和其他锅具相比，珐琅锅有哪些独特的地方？

珐琅锅的密封性好，能够很好地保水、锁温，保证烹饪过程中水分不易蒸发，用它做出来的菜肴原汁原味还不易凉。并且，还可以将珐琅锅直接放进烤箱，做焗饭和面包。此外，珐琅锅使用后也很好清洗，不易积垢。

你还记得当初是如何
与烹饪结缘的吗？

　　一开始，我接触烹饪是为了减肥，我想要更准确地控制摄入的能量。当时烘焙对我来说很新鲜，我干劲儿十足，经常东捣鼓西琢磨就是一整天，失败了也不气馁，相信自己下一次就能做好。后来，我的手艺开始受到家人的赞扬，这使我的心情变得格外好，常常为做出好吃的美食而感到开心。

你还记得第一次使用
珐琅锅的情景吗？

　　我大概是在 2015 年知道珐琅锅的。我最初对珐琅锅的印象是它很好看。虽然它很沉，但会给人一种踏实、实用的感觉。查阅资料后，我知道了珐琅锅是在铸铁锅的内、外加了珐琅层。铸铁是非常好的制造锅具的材料，其自重能保证烹饪时锅具不会轻易移动。

王光光

下厨房「超赞作者」，
美食博主，
2010 年开始追求健康饮食，
对烹饪一见倾心，
对钻研食谱乐此不疲。

烹饪给你的生活带来了哪些改变？

因为热爱美食，我的生活被"打开"了。兴趣是最好的老师，出于喜欢，我会一直学习、尝试新的烹饪方式。通过这个爱好，我还结识了很多志同道合的朋友，让我的生活充实起来。

烹饪最吸引你的地方是什么？

我是天生就喜欢待在厨房里钻研的人，虽然我不是专业的厨师，但是我做的家常菜是适用于每个家庭的。很多人通过我的分享学到了一些新的烹饪方法，这让我感受到了自己的价值，也是烹饪最吸引我的地方。

山地姐

公众号"山地小厨房"主理人，烘焙老师，厨房料理机销售精英，喜欢用相机和食谱记录厨房里那些美好的事物。

Tips

* 目录上标有 ▶ 的菜肴配有烹饪视频,扫相应菜谱
主图上的二维码即可观看。因烹饪时个人习惯导
致,视频中的操作和书中的描述可能有稍许差异,
视频仅供参考。

* 书中标注的烹饪时长不含提前准备工作所用的
时间。

* 书中用到的英文与对应的中文含义如下:

Chapter ——— 篇　章

Tips ——— 小贴士

Chapter 2

快手家常

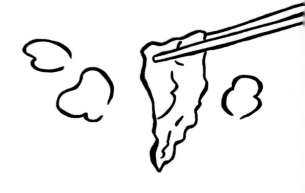

Chapter 3

大口吃肉

Chapter 4

海鲜大餐

Chapter 5

鲜美汤羹

Chapter 6

异国料理

Chapter 7

有料主食

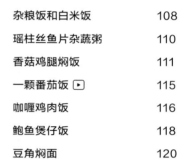

Chapter 8

小吃甜点

认识
珐琅铸铁锅

Chapter 1

25cm 焖炖锅

22cm 焖炖锅

18cm 小煎锅

16cm 焖煮锅

28cm 焖焗锅

24cm 焖烧锅

珐琅铸铁锅

珐琅铸铁锅指的是表面涂烧了珐琅涂层的铸铁锅具，简称珐琅锅。而珐琅是一种涂烧在金属制品表面的无机玻璃瓷釉。珐琅层表面平滑，具有耐腐蚀、耐磨、耐热的特点。

珐琅铸铁锅的优点

聚热保温

珐琅锅导热均匀，蓄热性极佳，只需使用中小火，就能实现其他锅具大火烹饪的效果。离火后也能在较长时间内保持一定的温度，不用担心锅内食物变凉。利用这一点，还能在关火后将食物焖熟，高效、节能、安全。

微压锁水

珐琅锅因其厚重的锅盖及锅盖内均匀分布的凝水点设计，在烹饪时锅内形成了独立的水汽自循环系统，可以利用食物自身的水分进行烹煮，保留食材的原汁原味，制作各种无水料理。

不挑炉灶

珐琅锅不挑炉灶，除了微波炉以外，它与电磁炉、电陶炉、燃气灶等家庭中大部分炉灶均可搭配使用。此外，还可将处理好的食物放入珐琅锅中，再放进烤箱烹饪，省时，省力。

珐琅铸铁锅的分类

根据锅内壁是否有珐琅涂层，可以将珐琅锅分为白珐琅锅和黑珐琅锅。白珐琅锅的内壁有珐琅涂层，而黑珐琅锅没有。

白珐琅铸铁锅

材质特点	内壁光滑细腻，有利于烹饪时观察锅内食物的状态，不易煳底，无须开锅，且烹饪不同食物时不易串味。
烹饪方式	适合焖、炖、煮等烹饪过程中汤水较多的烹饪方式。
首次使用	使用新白珐琅锅之前，需用温水加中性洗涤剂清洗锅具，然后用清水冲洗干净，再擦干即可。

黑珐琅铸铁锅

材质特点　内壁粗糙，带有微孔，形成不粘效果，且越用越不粘。黑色内壁不易染色，不易有明显划痕。

烹饪方式　适合重卤、红烧、炸等烹饪过程中油脂较多的烹饪方式。

首次使用（开锅方法）

① 用软海绵或软清洁布擦洗锅具，洗净后将锅具擦干。

② 用刷子在锅的内侧、锅沿和锅盖内侧、边缘涂抹食用油。

④ 待锅身温度降至常温，用厨房纸将锅内的食用油擦干净。

③ 盖上锅盖，中小火加热2～3分钟后关火。

⑤ 盖上锅盖，静置一天即可。

Tips

注意：首次使用时请避免烹饪淀粉含量高且水分少的食物（如土豆、胡萝卜），建议烹饪油脂含量丰富的食物。

珐琅铸铁锅
尺寸怎么选？

16cm 焖煮锅

喜油，
红烧、重卤、煎炸样样行。
一人管饱，三人分享。

18cm 小煎锅

满足煎、烤、烙，
能兜住食材和酱汁。
巴掌大小，一到两人正好。

22cm 焖炖锅

最爱汤汤水水，
适合炖肉、煲汤、煮粥等。
三口之家，分量刚好。

24cm 焖烧锅

全能锅型，
炖卤、烧肉、炒菜轻松做。
二到四人，满足三餐。

25cm 焖炖锅

炖肉、煲汤量更足，
料理新体验。
四到六人，容易满足。

28cm 焖焗锅

适合烹饪各种海鲜和蔬菜，
一锅焖，懒人最爱。
三五好友，聚会畅享。

导热板

在明火上使用珐琅锅时可以搭配导热板，导热板能让锅具受热更均匀、不易煳锅，同时可以防止锅底被熏黑或刮花。

锅帽

珐琅锅在加热时锅身会逐渐变得很烫，锅帽可以用在锅盖提纽上和锅身把手上，在开锅盖或移动锅具时能防止烫伤。

锅铲

为避免划伤锅内的珐琅涂层，建议使用硅胶铲或木铲，请勿使用金属铲。同样，请勿在锅内使用金属餐具切割或撕扯食物。

清洁膏

若珐琅锅上有顽固性污渍，可在洗涤前将其浸泡 30 分钟，之后用百洁布或打湿的软海绵蘸取少量清洁膏擦拭珐琅锅。

隔热垫

珐琅锅烹饪后需注意防烫隔热，不要将刚从火上端下的珐琅锅直接放在桌面上。使用隔热垫可避免锅具烫伤桌面。

电磁炉

珐琅锅搭配电磁炉使用更高效。有些电磁炉自带定制菜单，可以实现一键焖、炖、煮，无须人工调整时间和火力。

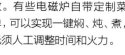

珐琅铸铁锅
烹饪注意事项

正确操作

- ✅ 锅盖侧放或留缝
- ✅ 中小火

错误操作

- ❌ 食材超过八分满
- ❌ 烹煮时间过长
- ❌ 持续大火加热
- ❌ 空锅干烧

Tips

* 由于珐琅锅的保温性很好，持续使用大火加热会导致锅身温度过高，
　出现锅内食物煳底、粘锅的情况。

* 烹煮容易溢锅的食材（如银耳、米粥）时，应该将锅盖侧放、留缝，
　以免造成潽锅、溢锅现象。

烹饪火力怎么调?

* 以下数据源自北鼎实验室。另外,根据温度、环境及锅中的食材、水量的不同,数据会有些许差异。

● 小火　　❀ 中小火　　❀❀ 中火

燃气灶

● 炉芯火

❀ 炉芯火加外环低位火

❀❀ 炉芯火加外环火
(火焰高度不超过锅底)

普通电磁炉

● 300 ~ 500 瓦

❀ 500 ~ 800 瓦

❀❀ 800 ~ 1400 瓦

北鼎电磁炉

● 自由烹饪 1 挡

❀ 自由烹饪 2 挡

❀❀ 自由烹饪 3~4 挡

Tips 如何判断火力大小 ————

* 开火后盖上锅盖,观察锅沿处:
　若有大量蒸气不断冒出,说明火力过大,请及时调整火力;
　若有少量蒸气间断冒出,说明火力适中,可以继续使用此火力。

珐琅铸铁锅的清洁

◇ 烹饪后，待锅身冷却至常温，用清水和中性洗涤剂清洗。

◇ 若经常使用，应定期使用中性洗涤剂和软海绵清洁锅身表面的积垢，以免影响珐琅锅的导热效果。

◇ 为避免损坏珐琅涂层，请勿使用钢丝球等硬物清洗珐琅锅。请勿将珐琅锅放入洗碗机内，因为洗碗机的冲水力度强，长期使用会损伤珐琅涂层，影响烹饪效果。

◇ 清洗后要及时擦干珐琅锅表面的水分，然后将其置于干燥处。若未及时擦干水，可能会导致锅具表面生出细微锈斑。若出现这种情况，只需用少许植物油擦拭锈斑 2 ~ 3 次至锈斑消除即可。

珐琅铸铁锅的收纳

◇ 收纳时，可以将锅盖反置于锅上，以节省空间。

◇ 请勿在珐琅锅内长时间放置酸性或碱性较强的食物，以免破坏珐琅涂层。

◇ 若长期不使用，可在珐琅锅沿及黑珐琅锅的锅内涂抹一层食用油，然后存放于阴凉、通风、干燥处。

忙碌的时候，也能下厨，
只需翻开这一篇，
跟着步骤来，
美味很快就能上桌。

快手家常

Chapter 2

油焖笋

笋是不能错过的应季美味。
油焖笋的做法简单，同时又非常好吃。
烹饪时加入一些干贝，
会让整道菜的鲜美程度更上一层楼！

作者 / 王光光

2 人

15 分钟

28 cm

12

🗿 主要食材

春笋	300g
干贝	13g

✈ 其他材料

猪油	20g
老抽	8g
生抽	15g
细砂糖	6g
小葱	3g
葱花	适量

🍳 准备工作

1. 干贝提前 2 小时泡发，然后去掉外层边缘的筋膜。春笋切成滚刀块。小葱切成段。

2. 锅中放入春笋块，倒入适量清水没过春笋块，中火煮至沸腾后转小火，盖上锅盖，煮 40 分钟后捞出。

🥄 制作步骤

1. 锅内放入猪油，中火加热至化开。
2. 放入小葱段和处理好的干贝，炒至出香味。
3. 放入春笋块，翻炒半分钟。
4. 放入老抽、生抽、细砂糖，翻炒半分钟。
5. 加入清水 150g，煮至沸腾，然后转中小火，盖上锅盖，焖 6 分钟。
6. 打开锅盖，转中火，收汁，然后撒上葱花即可。

`Tips`

◇ 也可以用冬笋代替春笋。

◇ 一定要将笋煮熟，不然笋会很苦，吃下去也不利于身体健康。

◇ 收汁时要用锅铲不断翻拌，防止煳锅。

蒜香鸡翅

炸鸡翅人见人爱。
做出皮脆、肉嫩、多汁的炸鸡翅是有诀窍的！
腌制到位鸡翅才有滋味，
添加酸奶会让鸡肉更加多汁，
合适的炸粉可以让鸡皮起鳞片，
炸出来更酥脆。

3~4人

15 分钟

16 cm

无水沙姜啫啫鸡煲

🍴 1~2 人

⏱ 20 分钟

🍲 28 cm

用保温性能好的珐琅锅焖焗食物时"滋滋"的声音，
和广东人读"啫啫"的发音基本相同，
故而得名"啫啫煲"。

15

作者 / 王光光

蒜香鸡翅

🍶 主要食材

鸡翅   8 个

🥣 腌鸡翅材料

蒜蓉酱 40g / 蒜粉 2g / 盐 5g / 白胡椒
0.5g / 辣椒粉 5g / 姜丝 15g / 酸奶 80g

🥣 炸粉材料

低筋面粉 150g / 玉米淀粉 50g / 蒜粉
1g / 盐 3g / 黑胡椒粉 1g / 泡打粉 适量

Tips

没有温度计该如何判断油温?
一根木头筷子就可以帮你测量油温!

◇ 150℃～160℃:油面波动,
微冒烟,插入筷子有少量气泡
产生。

◇ 160℃～180℃:油面波动,
烟量增加,插入筷子有密集
的小气泡上升。

◇ 200℃以上:油面转向平静,
烟量很大,插入筷子有大量
气泡迅速上升。

为什么要炸两次?

◇ 第一次油炸时间长、温度适
中:让食物定型,熟透但不
过焦。在这个阶段,不要过
多翻动食物,以免挂糊与食
物分开。

◇ 第二次油炸时间短、温度高:
让食物色泽更佳,入口更酥
脆,并能逼出食物内部多余
的油脂。

✈ 其他材料

食用油   适量

💡 准备工作

1. 鸡翅洗净,在中间扎一刀,穿透鸡翅。
用清水浸泡 10 分钟,去除血污后沥
干水。

2. 将处理好的鸡翅与所有腌鸡翅材料
混合均匀,抓捏几下,放入冰箱冷
藏一夜。

3. 将所有炸粉材料混合均匀,过筛。

🥄 制作步骤

1️⃣ 将腌制好的鸡翅均匀地裹上炸粉,
放入漏勺中,在清水中浸泡 3 秒,
捞出。

2️⃣ 用按压的方法使鸡翅再度沾满炸
粉。然后放入漏勺中抖掉多余的
炸粉,备用。

3️⃣ 锅内倒入食用油,中火热油至
160℃,下入鸡翅炸至颜色浅黄(约
5 分钟),捞出。

4️⃣ 将油热至 200℃,复炸鸡翅至颜
色金黄(约 1 分钟),捞出即可。

作者／王光光

无水沙姜啫啫鸡煲

💡 准备工作

1. 带骨鸡腿斩成块，用流水冲洗 2 ~ 3 次，去除血污和碎骨，沥干水后加入所有腌肉材料，充分抓匀，封上保鲜膜，腌制 20 分钟。

2. 沙姜和姜分别切成块。蒜对半切开。青椒、红椒去蒂及籽后洗净，切成片。洋葱切成片。小葱切成段。

⚖️ 主要食材

带骨鸡腿	650g
洋葱	75g
青椒	30g
红椒	30g

🥣 腌肉材料

蚝油	20g
柱侯酱	25g
盐	2g
白糖	6g
生抽	6g
老抽	6g
白胡椒粉	1g
玉米淀粉	10g

✈ 其他材料

沙姜 50g / 姜 20g / 蒜 45g / 小葱 7g / 黄酒 10g / 食用油 25g

🥄 制作步骤

1. 锅内倒入食用油，中火热油，然后放入蒜块、沙姜块、姜块，翻炒至出香味。
2. 放入洋葱片，翻炒至出香味。
3. 将腌好的带骨鸡腿块平铺在锅中，沿锅的内壁淋一圈黄酒。
4. 盖上锅盖，焖焗 7 分钟，然后打开锅盖，翻炒一下，再盖上锅盖，焖焗 7 分钟。
5. 放入青椒片、红椒片翻炒均匀，然后盖上锅盖，焖焗 2 分钟。
6. 打开锅盖，撒上小葱段即可。

`Tips`

◇ 可以用等量的整鸡代替带骨鸡腿，建议挑选肉质较嫩的鸡。

酸汤风味牛肉粉丝

嫩滑的牛肉和爽口的粉丝浸泡在酸辣的汤底中，
一口下去热乎又开胃。这道菜制作简单，
是一道厨房小白也能轻松搞定的佳肴。

作者 / 王光光

🍽 2 人

⏱ 15 分钟

🍲 22 cm

主要食材

牛里脊肉	100g
干粉丝	90g
油豆腐	40g
芹菜粒	25g

腌肉材料

生抽	3g
蚝油	4g
白胡椒粉	1g
料酒	2g
细砂糖	2g

其他材料

牛肉味浓汤宝	15g
黄灯笼辣椒酱	50g
番茄酱	15g
食用油	20g
姜末	4g
蒜末	15g
葱花	3g
香菜段	4g
白醋	5g
盐	3 ~ 4g
细砂糖	5g
玉米淀粉	4g
香油	适量

准备工作

1. 牛里脊肉切成薄片，放入水中浸泡 20 分钟后捞出，沥干水，然后与所有腌肉材料混合，抓拌均匀，再加入玉米淀粉，抓拌均匀，最后加入食用油 5g，抓拌均匀。

2. 干粉丝用温水浸泡 15 ~ 20 分钟后捞出，沥干水。

制作步骤

1. 锅内倒入剩余的食用油，中火热油，然后放入姜末、蒜末，炒至出香味，再放入黄灯笼辣椒酱和番茄酱,炒至金黄色。

2. 加入清水 500g 和牛肉味浓汤宝，煮至沸腾，然后捞出渣子，再放入白醋、盐、细砂糖，搅拌均匀，转小火，煮 3 分钟。

3. 放入油豆腐和泡好的粉丝，转中火，煮 1 ~ 2 分钟。

4. 放入腌好的牛里脊肉片，轻轻搅动，煮至牛里脊肉片变色。

5. 放入芹菜粒，煮熟，关火，然后撒上葱花和香菜段，淋上香油，盛出即可。

Tips

◇ 切牛里脊肉时需要逆着纹路切。

◇ 选用粗粉丝和细粉丝均可，若选用粗粉丝，浸泡时间要在 30 分钟以上。

◇ 下牛肉片时最好一片一片地下，防止牛肉片粘连，导致部分不熟。

鱼香茄子煲

作者 ／ 王光光

鱼香茄子煲滋味浓郁，是非常受欢迎的下饭菜。做这道菜时记得多备一些米饭。

🍴 1~2 人　⏲ 20分钟　🍲 22 cm

🔢 主要食材

茄子	670g
五花肉末	100g

🥣 鱼香料汁材料

生抽	20g
香醋	12g
白糖	10g
老抽	5g
玉米淀粉	5g
清水	60g

✈ 其他材料

小红尖椒	25g
蒜	20g
姜	5g
小葱	16g
食用油	280g
郫县豆瓣酱	25g

💡 准备工作

1. 茄子切成长条。蒜剁成蒜蓉。姜切成末。小葱分成葱白和葱叶，分别切成碎。小红尖椒切成小圈。
2. 将所有鱼香料汁材料混合，搅拌均匀。

🥄 制作步骤

1. 锅内倒入食用油，中火热油至七成热（插入筷子，筷子周围出现大量气泡）。
2. 入茄子条炸至茄子条边缘微焦（3～4分钟），捞出，控油，备用。
3. 倒出大部分食用油，仅留锅底的食用油，放入五花肉末，翻炒至变色。
4. 放入小红尖椒圈、姜末、蒜蓉、葱白碎，炒出香味。
5. 放入郫县豆瓣酱，翻炒至出红油。
6. 放入炸好的茄子条，翻炒均匀。
7. 倒入鱼香料汁，翻炒均匀，然后转小火，盖上锅盖，焖至汤汁浓郁（2～3分钟），关火，最后撒上葱叶碎即可。

番茄汁娃娃菜肥牛

用番茄煮出浓郁的汤底，
放入肥牛和娃娃菜煮熟即可，
新手小白也可以轻松制作。
肥瘦相间的肥牛卷裹着酸甜开胃的番茄汁，
配饭一绝！

作者 / 梅之小榭

🍽 3~4 人

⏱ 20 分钟

🍲 22 cm

🐂 主要食材

番茄	500g
娃娃菜	300g
肥牛卷	300g

✈ 其他材料

葱段	20g
葱花	适量
姜	10g
料酒	10g
食用油	10g
番茄酱	110g
生抽	15g
蚝油	10g
白胡椒粉	0.5g
白砂糖	3g
盐	2g

💡 准备工作

1. 番茄去皮，切成丁。娃娃菜切成长条。姜切成片。

2. 锅中加入适量清水，倒入料酒，煮至沸腾后放入肥牛卷，氽1分钟，捞出，然后用温水把煮好的肥牛卷上的浮沫冲洗干净，放入盛器中备用。

🥄 制作步骤

1️⃣ 锅中倒入食用油，中火热油，然后加入姜片、葱段，炒至出香味。

2️⃣ 放入番茄丁，炒至软烂出汁，之后加入热水900g，煮至沸腾。加入番茄酱、生抽、蚝油、白胡椒粉、白砂糖、盐。

3️⃣ 放入娃娃菜条，待锅内的汤汁再次沸腾后，放入氽好的肥牛卷，用筷子拨散，煮熟，然后撒上葱花即可。

 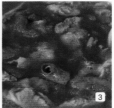

香辣鸡翅

作者／北鼎

没有人能拒绝这样的香辣鸡翅吧！皮酥肉软，香辣入味，既可以当主菜，也能作为解馋零嘴。

- 🍽 3~4人
- ⏱ 20分钟
- 🍲 24cm

⚖ 主要食材

鸡翅	1000g
线椒	80g

✈ 其他材料

姜	60g
大蒜	45g
食用油	25g
白芝麻	5g
红椒末	5g
料酒	20g
生抽	30g
老抽	10g
白糖	5g
辣椒粉	20g

🥄 制作步骤

1. 鸡翅洗净，对半剁开。大蒜、线椒、姜切成小粒待用。

2. 鸡翅冷水下锅，用北鼎电磁炉自由烹饪4挡火力加热大约8分钟，鸡翅焯熟后捞出待用。

3. 锅内倒油，用北鼎电磁炉自由烹饪4挡加热约2分钟后，倒入鸡翅翻炒3分钟。

4. 加入料酒、生抽、老抽、白糖、辣椒粉翻炒2分钟。

5. 加入大蒜粒、姜粒、线椒翻炒2分钟至出香味，撒上红椒末、白芝麻即可出锅。

无水焗时蔬

作者 ／ 梅之小榭

这是一道做起来非常简单，可以说是零失败的菜。

把自己喜欢的蔬菜加调料拌、拌、拌，然后往焖焗锅里一丢就可以啦！

没有炒菜的油烟更健康，好看又好吃！

👥 3~4 人　　🕐 30分钟　　🍲 28cm

🗿 主要食材

贝贝南瓜	1个（约320g）
胡萝卜	200g
西蓝花	150g
小番茄	220g
口蘑	200g
洋葱	150g

✈ 其他材料

橄榄油 40g / 盐 10g / 黑胡椒碎 2g / 黑胡椒粉 2g

💡 准备工作

1. 贝贝南瓜去子，切成块。胡萝卜去皮，切成块。

2. 口蘑洗净，对半切开。洋葱去皮，切成片。

3. 西蓝花放入清水中，加入盐5g，浸泡一会儿，捞出后剪成小朵。

🥄 制作步骤

1️⃣ 将所有处理好的主要食材和剩余的其他材料混合，拌匀。

2️⃣ 把拌匀的食材放入锅中，中火加热至锅底发出"滋滋"声（约5分钟）。

3️⃣ 盖上锅盖，焖15分钟即可。

Tips

优选时令蔬菜

◇ 时令蔬菜不仅新鲜，而且口感更好，营养价值更高。

选择不同类型的蔬菜

◇ 叶类蔬菜：选择色泽鲜绿、菜叶新鲜、菜梗挺直、切面湿润有水分的。

◇ 根茎类蔬菜（如红薯、土豆、莲藕等）：选择无发芽、无变色、无黑斑的，手感硬实且表面光滑，没有太多凹凸不平和损伤的。

◇ 瓜果类蔬菜：选择形状正常、模样饱满、个头中等、色泽均匀的。

水煮牛肉

水煮牛肉吃起来很过瘾，麻辣鲜香，
口感嫩滑，非常适合作为下饭菜，
用它来招待亲朋好友也是不错的选择。

作者／王光光

🍴 3~4人

⏱ 25分钟

🍲 28cm

🐮 主要食材

牛肉	300g
豆芽	160g
莴笋	90g

🥣 腌肉材料

葱	4g
姜	7g
清水	40g
生抽	12g
黄酒	10g
盐	1g
白糖	2g
白胡椒粉	1g
小苏打	1g
鸡蛋液	50g
玉米淀粉	4g
食用油	18g

🥣 刀口辣椒材料

干辣椒	6g
花椒	5g

🥣 水淀粉材料

玉米淀粉	6g
清水	28g

✈ 其他材料

菜籽油	45g
葱	8g
蒜	20g
姜	10g
黄酒	10g
生抽	10g
鸡汁	10g
白糖	6g
白胡椒粉	1g
豆瓣酱	45g
熟白芝麻	2g

🔆 准备工作

1. 牛肉逆着纹理切成 2 ～ 3 毫米厚的薄片，切好后在清水中反复抓洗，洗去血污，洗净后攥干水。
2. 制作葱姜水：将腌肉材料中的葱、姜拍碎，与清水混合，抓捏几下。
3. 腌制牛肉：将制作好的葱姜水滤除渣子，与腌肉材料中的生抽、黄酒、盐、白糖、白胡椒粉、小苏打和洗净的牛肉混合，抓拌均匀。加入鸡蛋液，顺时针搅拌至牛肉将鸡蛋液完全吸收。加入玉米淀粉，抓拌均匀。淋上食用油。
4. 制作刀口辣椒：将所有刀口辣椒材料用中小火翻炒至颜色变深、外壳微脆，切碎。
5. 制作水淀粉：将水淀粉材料中的玉米淀粉和清水搅拌均匀。
6. 莴笋切成薄片。其他材料中的姜、蒜分别切成末，葱切成葱花。

🥄 制作步骤

1. 锅内倒入菜籽油 5g，中火热油，然后放入豆芽和莴笋片翻炒至熟，盛出。
2. 锅中放入菜籽油 10g、豆瓣酱，翻炒至出红油，然后放入姜末、蒜末，炒至出香味。
3. 加入黄酒、生抽、鸡汁、白糖、白胡椒粉和清水 650g，中火煮沸后转小火煮 2 分钟。
4. 捞出汤内的料渣。
5. 将腌好的牛肉再次抓拌均匀，一片一片地下入锅中，使其分散。
6. 转中火煮至微微沸腾，用筷子推动牛肉片，淋入水淀粉，勾芡。
7. 将煮好的牛肉片盛出，放在炒好的豆芽和莴笋片上，并按个人喜好淋入适量汤汁。
8. 撒上葱花、刀口辣椒、熟白芝麻。另起锅，将 30g 菜籽油加热至冒烟，少量多次地浇在葱花、刀口辣椒和熟白芝麻上即可。

鲍汁腊肠焗百合

作者／王光光

百合具有润肺、安神等作用。焗百合鲜咸甜糯，营养美味且制作简单，搭配红亮的腊肠，色香味俱全，值得一试！

🍴 1~2 人　　⏱ 20分钟　　🍳 28cm

🐂 主要食材

鲜百合	275g
广式腊肠	40g
洋葱	70g

🥣 调味汁材料

鲍汁	30g
生抽	12g
老抽	5g
白糖	6g
清水	20g

✈ 其他材料

蒜	45g
姜	12g
红辣椒	10g
小葱	5g
食用油	28g

💡 准备工作

1. 鲜百合切除头、尾，掰开，洗净，沥干水。广式腊肠、洋葱分别切成片。姜、蒜分别切成块。红辣椒切成碎。小葱切成葱花。
2. 将所有调味汁材料混合，搅拌均匀。

🥄 制作步骤

1. 锅内倒入食用油，中火热油，然后放入姜块、蒜块，煎至微黄。
2. 放入洋葱片，翻炒至出香味，然后转中小火。
3. 均匀地铺上处理好的鲜百合，再铺上广式腊肠片。
4. 盖上锅盖，焖焗10分钟。
5. 打开锅盖，淋入拌好的调味汁，撒上红辣椒碎，然后盖上锅盖，焖焗5分钟。
6. 打开锅盖，撒上葱花即可。

麻辣香锅

麻辣香锅以麻、辣、鲜、香为特点，
受到很多年轻人的喜爱。
自制的麻辣香锅不用像外面店里做得那么复杂，
但麻、辣、鲜、香的味道一样都不少。

作者 / 王光光

🍽 2~3 人

🕐 25 分钟

🍲 28 cm

🥡 主要食材

鲜虾	150g
牛肉丸	80g
鱼豆腐	80g
鹌鹑蛋	80g
甜玉米	200g
火锅年糕	100g
金针菇	100g
菜花	65g
土豆	60g
莲藕	60g
莴笋	60g

🥗 配料 1

芹菜 30g / 洋葱 70g / 葱白段 7g / 蒜 15g / 姜 10g / 盐 5g

🥗 配料 2

干红辣椒 6g / 花椒 3g / 麻椒 3g / 香叶 3 片 / 小茴香 2g / 桂皮 2g / 八角 1 个

🎯 其他材料

火锅底料 40g / 老抽 4g / 生抽 6g / 白糖 6g / 熟白芝麻 8g / 黄酒 10g / 葱花 适量 / 菜籽油 30g

🧄 准备工作

1. 鲜虾洗净，剪掉虾须，挑去虾线。
2. 牛肉丸、鱼豆腐对半切开。火锅年糕掰散。鹌鹑蛋煮熟，去壳。
3. 甜玉米竖切成四条后斩成小段。菜花切成小朵。莴笋，土豆，莲藕分别切成片，浸泡在水中。金针菇去根。
4. 芹菜切成段。干红辣椒剪成小段。姜、蒜分别切成片。洋葱切成块。

🥄 制作步骤

1. 锅中加入适量清水，煮至沸腾，然后加入盐1g，放入金针菇、菜花、土豆、莲藕、莴笋，煮 1 ~ 3 分钟，捞出，备用。
2. 放入甜玉米段和掰散的火锅年糕，继续煮 2 分钟，捞出火锅年糕，再煮 4 分钟后捞出甜玉米段，备用。
3. 放入切开的牛肉丸和鱼豆腐片，煮 2 分钟，捞出，备用。
4. 放入处理好的鲜虾煮至变红、弯曲（约 3 分钟），捞出，备用。
5. 另起锅，锅中放入菜籽油，中火热油，然后放入配料 2 中所有材料，炒至出香味。
6. 将八角、桂皮、香叶捞出，然后放入配料 1 中所有材料，炒至出香味。
7. 放入火锅底料，炒至出红油。
8. 放入煮好的牛肉丸、鱼豆腐片、鹌鹑蛋、虾，淋入黄酒，翻炒均匀。
9. 放入剩余所有煮好的主要食材，翻炒均匀。
10. 放入老抽、生抽、白糖，翻炒均匀，然后放入熟白芝麻、葱花翻炒均匀即可。

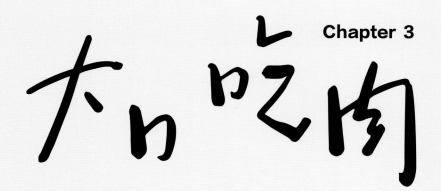

大口吃肉

Chapter 3

当肉遇上铸铁锅，会发生怎样奇妙的变化？
炖肉时发出的咕嘟咕嘟声，
煎肉时发出的滋滋声，
还有把肉裹上面糊炸至金黄时的噼里啪啦声……
光是听声音，心里就充满了期待。

肥而不腻红烧肉

作者／北鼎

红烧肉最吸引人的就是它软糯的口感，入口肉香十足，浓郁的肉汁还可以用来拌饭，怎么吃都不腻。

做法其实很简单，跟着做一次就会了！

🍴 2~4人　⏱ 1小时 20分钟　🍲 24cm

⚖ 主要食材

五花肉	1000g

✈ 其他材料

姜	12g
料酒	10g
北鼎红烧酱料	1袋
食用油	5g
葱花	2g
白芝麻	1g

🥄 制作步骤

1. 锅中倒入1000g冷水，放入五花肉，加入姜和料酒，中火（北鼎电磁炉自由烹饪3挡）煮沸后，撇去浮沫，再继续煮2分钟。

2. 五花肉出锅后切成3cm见方的块。

3. 锅内倒油，中火（北鼎电磁炉自由烹饪3挡）预热2分钟，倒入五花肉煸炒出油脂。

4. 倒入北鼎红烧酱料和800g沸水，煮沸后关盖。

5. 北鼎电磁炉选择"大厨菜单－焖猪蹄－香韧口感"，焖炖约60分钟。

6. 在烹饪模式还剩下10分钟时，开盖查看收汁情况，达到满意状态即可关火。

7. 最后撒入白芝麻、葱花点缀。

Tips

◇ 若没有北鼎红烧酱料，可按照如下方配料比例调配酱汁：生抽40g、老抽15g、料酒15g、蚝油5g、冰糖30g、盐5g、鸡精3g、胡椒粉2g、八角2个、草果2个、花椒2g、香叶1片。

◇ 若使用其他电磁炉或明火，在步骤5炖煮阶段全程中小火炖煮60分钟即可。

浓香番茄炖牛腩

浓香四溢的番茄炖牛腩，牛肉软烂，番茄
酸甜，开胃又解腻，好吃到连汤汁都不剩！

作者 / 北鼎

2~4人

1小时30分钟

22cm

🍲 主要食材

牛腩	1000g
番茄	2 个
土豆	1 个
洋葱	半个

✈ 焯水用材料

料酒	10g
姜片	5g
小葱	5g

✈ 其他材料

食用油	15g
冰糖	10g
姜片	10g
小葱段	15g
葱丝	5g
干辣椒	2 个
桂皮	1 块
香叶	2 片
八角	2 个
生抽	20g
老抽	5g

🥄 制作步骤

1. 洋葱、土豆洗净，切块。姜切片备用。
2. 牛腩切小块，冷水下锅，加入焯水用的料酒、姜片、小葱，用北鼎电磁炉自由烹饪模式 4 挡火力焯水，撇掉浮沫后捞出备用。
3. 番茄顶部用刀划十字，放入开水中烫至去皮，切块。
4. 锅内倒油，北鼎电磁炉选择"大厨菜单 - 炖牛腩（适中）"模式，放入冰糖加热 1 分钟，炒出糖色，加入牛腩、姜片、干辣椒、桂皮、香叶、八角炒约 3 分钟，炒出香味，加入生抽、老抽炒匀。
5. 加入洋葱和番茄快速翻炒后，倒入 600g 开水没过所有食材，放上小葱段关盖炖煮。
6. 程序剩余 30 分钟时，加入土豆继续炖煮。待程序结束，撒上葱丝装饰即可。

Tips

◇ 若使用其他电磁炉或明火炉具，步骤 4 用中火翻炒后，转小火炖煮 1.5 小时左右至牛腩软烂。

无水葱油鸡

作者／北鼎

这道无水葱油鸡做法简单、耗时短，全程不用加一滴水，加上珐琅锅的锁水特性，很好地保留了肉的鲜嫩，趁着出锅浇上热油，葱香满溢，直接开吃吧。

🍴 2~4 人　🕐 45 分钟　🍲 25 cm

💡 准备工作

1. 生姜切片。小葱切段。小米辣切丝。香菜切段。三黄鸡去头颈和脚，从肚子中间剪开，全身用牙签扎小孔。

2. 将所有腌鸡肉材料混合均匀，涂抹在鸡的里外两面，装入密封袋冷藏腌制 4 小时以上（隔夜最佳）。

🍳 制作步骤

1 锅内倒入 20g 色拉油，先在底部铺满姜片，再将小葱段铺均匀。放入腌好的整鸡，盖上锅盖。

2 北鼎电磁炉选择"大厨菜单 – 葱油鸡（软烂口感）"，开启程序。

3 待程序结束后，另起锅倒入 10g 色拉油，爆香花椒。将小米辣和香菜段放在葱油鸡上，浇上热油即可。

🎛 主要食材

三黄鸡	1 只（约 1000g）

🥣 腌鸡肉材料

生抽	20g
老抽	4g
蚝油	10g
料酒	5g
盐	8g
白胡椒粉	5g

✈ 其他材料

色拉油	30g
小米辣	2 个
小葱	100g
生姜	100g
香菜	1 根
花椒	5g

Tips

◇ 这道菜的关键是锅底一定要铺整层的姜片及足够多的葱段。

◇ 程序结束后，可以关盖多闷一会儿，可有效减少糊底的情况。

◇ 若使用明火，步骤 4 中先中火加热至锅边冒热气，再转小火焖 30 分钟，关火后再闷 10 分钟左右即可。

三汁焖锅

不加一滴水的焖锅中加入咸香浓郁的自制酱汁。
酱汁包裹着食材，超级下饭！
这道菜的做法非常简单，
将食材及酱汁放到锅里一起焖，
然后就可以静候美食了。

作者 / 梅之小谢

🍴 5~6人　　🕐 45分钟　　🥘 28cm

🐂 **主要食材**

鸡翅	360g
大虾	300g
胡萝卜	200g
玉米	340g
土豆	220g
金针菇	150g
洋葱	120g

🥣 腌鸡翅材料

料酒	15g
生抽	10g
白胡椒粉	0.5g

🥣 腌虾材料

料酒	8g
生抽	6g
白胡椒粉	0.5g

🥣 腌蔬菜材料

盐	3g
食用油	10g

🥣 酱汁材料

料酒 35g / 番茄酱 75g / 白砂糖 5g / 生抽 25g / 老抽 25g / 蚝油 6g / 白胡椒粉 0.5g / 黄豆酱 50g / 郫县豆瓣酱 30g

📌 其他材料

黄油	15g
葱花	适量
白芝麻	适量
蒜末	10g

💡 准备工作

1. 鸡翅用刀划上两道小口，与所有腌鸡翅材料混合均匀，腌制 30 分钟。
2. 大虾开背，挑去虾线，剪去虾须，与所有腌虾材料混合均匀，腌制 30 分钟。
3. 胡萝卜、土豆分别去皮，切成滚刀块。玉米切成段。洋葱切成片。金针菇去根。将切好的所有蔬菜与腌蔬菜材料混合均匀。
4. 将所有酱汁材料混合，搅拌均匀。

🥄 制作步骤

1. 锅内放入黄油，中小火加热至化开。
2. 加入蒜末，炒至出香味。
3. 铺上所有腌好的蔬菜。
4. 铺上腌好的大虾和鸡翅。
5. 转中火，加热至有烟冒出，盖上锅盖，焖 15 分钟。
6. 打开锅盖，将调好的酱汁均匀地刷在食材上，然后盖上锅盖，再焖 15 分钟。
7. 打开锅盖，撒上葱花、白芝麻即可。

黄豆焖猪蹄

作者／王光光

这道菜是植物蛋白和动物蛋白的双蛋白搭配大餐，营养又美味。

猪蹄软烂且肥而不腻，黄豆软糯鲜香。

这道菜烹饪起来非常简单，黄豆软烂无须看火。

🍴 2~3人　⏱ 2小时　🍲 25cm

🔖 主要食材

猪蹄	900g
干黄豆	80g

🥣 五香料

桂皮	3g
干红辣椒	5g
香叶	3g

✈ 其他材料

生抽 17g／老抽 5g／黄豆酱 35g／白胡椒粉 2g／食用油 20g／黄酒 30g／姜片 14g／葱花 2g／冰糖 25g／盐 2g

💡 准备工作

1. 干黄豆泡发 6 小时，注意天热时需冷藏泡发。

2. 猪蹄斩成块，放入锅中，加入适量清水、姜片 7g 和黄酒，中火煮 1～2 分钟，捞出，控干水。

🥄 制作步骤

1️⃣ 锅内放入食用油和冰糖，小火熬至冰糖化开，然后转中火，熬至呈棕红色。

2️⃣ 放入煮好的猪蹄块，翻炒上色。

3️⃣ 放入黄豆酱、生抽、老抽和剩余的姜片，翻炒均匀，然后放入五香料和泡好的黄豆，加入清水 800g、盐、白胡椒粉，煮至沸腾。

4️⃣ 盖上锅盖，转小火，炖煮 1 小时 40 分钟，然后打开锅盖，转中火，收汁，最后撒上葱花即可。

毛血旺

在外面吃毛血旺总觉得食材太少了不够吃，
不如自己动手做。
用麻辣火锅底料做的家庭版毛血旺麻辣鲜香，
鸭血、毛肚、午餐肉，一应俱全！
这道菜简单易学，懒人也可以做。

作者 / 梅之小谢

🍽 4 人

⏱ 15 分钟

🍲 25 cm

46

🥛 主要食材

鸭血	320g
牛百叶	150g
午餐肉	300g
黄豆芽	200g
金针菇	150g
娃娃菜	180g
黄瓜	130g

📌 其他材料

食用油	10g
花椒	0.5g
八角	1 个
麻辣火锅底料	120g
姜片	20g
蒜末	30g
葱花	15g

💡 准备工作

1. 鸭血切成块。午餐肉切成片。牛百叶切成条。将鸭血块、牛百叶条分别放入沸水中，各氽 1 分钟后捞出。
2. 娃娃菜、黄瓜分别切成条。

🥄 制作步骤

1. 锅中倒入食用油，中火热油，加入姜片、花椒、八角，炒至出香味。
2. 放入麻辣火锅底料，转小火，炒至化开。
3. 倒入热水 1400g，转中火，煮至沸腾。
4. 放入金针菇和氽好的鸭血块，煮 5 分钟。
5. 放入剩余的处理好的主要食材，煮 2 分钟。
6. 撒上蒜末、葱花，另起锅，中火热油（分量外），趁热浇上即可。

Tips

◇ 麻辣火锅底料需用小火炒化，以免炒煳。

◇ 要倒入热水，避免油温高时遇冷水导致油飞溅出来。

◇ 如果想吃口感较软的黄瓜条，可以将其与金针菇和氽好的鸭血块一同放入。

仔姜炒鸭

"冬吃萝卜夏吃姜",
对于整天待在空调房里的人来说,
夏天吃点儿仔姜能驱除体内的寒气,
而鸭肉好吃又温补,与仔姜是绝配。
让我们来大吃一顿吧!

作者 / 山地姐

🍴 3~4 人

🕐 1 小时 10 分钟

🍲 25 cm

💡 准备工作

1. 鸭肉切成块,冷水下锅,加入料酒 30g,煮开,汆一下,捞出后冲洗干净。
2. 鲜仔姜、红菜椒分别切成丝。蒜切成片。青辣椒切成段。

🏷 主要食材

鸭肉	800g
鲜仔姜	200g
红菜椒	100g
青辣椒	100g

📌 其他材料

食用油	50g
料酒	45g
郫县豆瓣酱	40g
蒜	30g
生抽	20g
老抽	10g
白砂糖	5g

🥄 制作步骤

1. 锅内倒入食用油,放入鲜仔姜丝 70g 和蒜片,中火炒至出香味。
2. 放入汆好水的鸭肉块,翻炒 10 分钟。
3. 加入郫县豆瓣酱和剩余的料酒,翻炒 3 分钟。
4. 加入清水 100g、生抽、老抽、白砂糖,盖上锅盖,煮 40 分钟,然后打开锅盖,加入红菜椒丝、青辣椒段、剩余的鲜仔姜丝,翻炒至汤汁收干(约 5 分钟)即可。

炸猪排

作者 ／ 王光光

金黄酥脆、肉质紧实的炸猪排是一道大人和孩子都爱吃的菜。淋上美味的猪排酱汁，咬一口，「咔呲咔呲」，是摄入能量的快乐声音。佐以清爽解腻的卷心菜丝，令人满足。

3~4 人

25 分钟

16 cm

🏋 主要食材

猪排	2 片（约 200g）
面包糠	35g
鸡蛋	1 个
面粉	30g

🥣 配菜材料

卷心菜	适量
小番茄	4 个
柠檬	1 角

✈ 其他材料

盐	2g
黑胡椒碎	2g
食用油	400g
猪排酱汁	适量

Tips

◇ 推荐使用猪里脊肉，如果追求多汁
  口感，可以选择猪梅花肉，但要用
  小刀将猪梅花肉内部的白色筋膜切
  断，否则炸的时候肉会收紧。

◇ 猪排切成 1.5 ~ 2 厘米厚最好，
  这样的猪排敲打后大小正合适。

◇ 最好借助专门的温度计测量油温。

◇ 猪排酱汁推荐使用伍斯特酱汁。

◇ 在卷心菜丝上淋少许焙煎芝麻酱
  会更好吃。

💡 准备工作

1. 用松肉锤均匀地敲打猪排的两面，将其
   敲松、敲薄，抹上盐和黑胡椒碎，用保
   鲜膜裹好，放入冰箱冷藏 30 分钟。
2. 卷心菜切成细丝，放入盛器中，倒入冰
   水浸泡 15 分钟，沥干水。
3. 鸡蛋打成鸡蛋液。

🥄 制作步骤

1 将猪排从冰箱中取出，用手聚拢一下，
   然后在其两面均匀地裹上面粉。

2 将裹着面粉的猪排放入鸡蛋液中，使其
   两面均匀地蘸上鸡蛋液。

3 将蘸好鸡蛋液的猪排中放入面包糠，使
   其两面裹上足量的面包糠。轻轻按压猪
   排，让面包糠紧紧地裹在猪排上。

4 锅内倒入食用油，中火热油至 160℃。

5 放入猪排，炸 2 分钟，然后翻面，炸
   2 分钟。

6 将猪排捞出，控油。

7 热油至 180℃，放入猪排，两面各复
   炸半分钟。

8 将猪排捞出，控油，然后切成粗条。

9 将切好的猪排摆入盘中，放上小番茄、
   柠檬和沥干水的卷心菜丝，搭配猪排酱
   汁一起上桌即可。

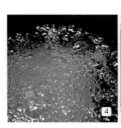 

卤鸭翅

作者／梅之小榭

酱香浓郁，辛辣入味，万能卤水卤一切。在家里一边追剧一边啃鸭翅，惬意又解馋。

🍴 4~5人　⏱ 50分钟　🍳 22cm

🍳 主要食材

鸭翅	1000g
海带结	250g

🥣 汆水材料

姜片	5g
葱段	10g
料酒	10g

✈ 其他材料

草果 1 个 / 八角 2 个 / 花椒 1g / 桂皮 1 块 / 小茴香 3g / 香叶 1g / 干红辣椒 7g / 鲜红辣椒 7g / 冰糖 18g / 老抽 70g / 生抽 105g / 甜面酱 35g / 啤酒 600g / 白芝麻适量

🍽 准备工作

1. 鸭翅放入冷水中浸泡 1 小时，去除血污。
2. 鸭翅冷水下锅，加入所有汆水材料，中火加热至水沸腾，汆水 1 分钟。
3. 捞出鸭翅，过一下冰水。

🥄 制作步骤

1. 锅中倒入适量清水，放入汆好水的鸭翅和除白芝麻外的所有其他材料。
2. 中火煮至沸腾，转小火，盖上锅盖，焖煮 25 分钟。
3. 打开锅盖，放入海带结，转中火，煮至沸腾，收汁。
4. 煮至汤汁浓郁，裹住鸭翅，撒上白芝麻即可。

Tips

◇ 除了鸭翅和海带结，还可以放藕片、白煮蛋、鸭舌等一起卤制。

酱香羊蝎子

作者 ／ 梅之小榭

羊蝎子是很多家庭冬日餐桌上必不可少的一道菜，既是家常美味，又适合过年宴客。这满满的一锅，羊肉香醇，土豆软烂。一家人围坐在桌前，吃吃肉，尝尝菜，其乐融融。

3~4 人

1 小时 50 分钟

22 cm

⚖ 主要食材

羊蝎子	500g
土豆	500g
玉米	350g
洋葱	100g

🥣 五香料

干红辣椒	2 个
小茴香	1 g
桂皮	1 段
香叶	2 片
八角	1 个
白芷	3 片
肉蔻	1 个
丁香	3 粒
花椒	10 粒
草果	1 个

✈ 其他材料

郫县豆瓣酱 30g / 风味豆豉酱 30g /
生抽 20g / 蚝油 20g / 黄豆酱 35g /
冰糖 6g / 姜片 10g / 蒜 15g / 葱白
段 4 段 / 食用油适量 / 香菜段适量

💡 准备工作

1. 羊蝎子剁成块，放在清水中浸泡 3 小时，每半小时换一次水，去除血污。
2. 洋葱切成片。
3. 玉米切成段。
4. 土豆去皮，切成块。

🥄 制作步骤

1. 锅内放入适量冷水和泡好的羊蝎子块，加入 5g 姜片，中火煮至沸腾。
2. 捞出羊蝎子块，用温水将其表面的浮沫冲洗干净，备用。
3. 过滤出羊汤，备用。
4. 另起锅，倒入食用油，中火热油，放入洋葱片和葱白段，煎至呈焦黄色，然后将洋葱片和葱白段取出弃用。
5. 加入郫县豆瓣酱和风味豆豉酱，转小火，炒至出香味。
6. 加入蒜、五香料和 5g 姜片，炒至出香味。
7. 放入煮好的羊蝎子块，加入生抽、蚝油、黄豆酱、冰糖，翻炒均匀。
8. 倒入过滤出的羊汤。
9. 煮至沸腾，转小火，盖上锅盖，炖 1 小时 15 分钟。
10. 打开锅盖，放入玉米段和土豆块，转中火，煮至沸腾，然后转小火，盖上锅盖，煮 15 分钟。
11. 打开锅盖，收汁至汤水浓稠，摆上香菜段即可。

蜜桃烤肋排

烤制后的水果味道浓郁，香甜可口，水果的香气混合肉香，好吃不腻。这是一道制作方法简单且很出效果的菜，特别适合用来宴请宾客。

🍴 3~4人

⏱ 1小时50分钟

🍲 28cm

板栗炖鸡

金秋十月，栗子上市。
剥开板栗的外壳，板栗仁色泽金黄，
最适合用来炖鸡了。
这道家常菜板栗软糯酥烂，
鸡肉鲜嫩入味，美味又滋补。

🍽 3~4人

⏱ 1小时10分钟

🍲 22cm

🍖 主要食材

肋排	1000g
水蜜桃	1 个
苹果	1 个
西梅	5 个
提子	若干
百里香	适量

🥣 烤制酱汁材料

生抽	25g
蜂蜜	10g
蚝油	15g
料酒	10g
清水	15g
食用油	15g

✈ 其他材料

红糖 15g / 盐 6g / 大蒜粉 3g / 蚝油 10g / 蜂蜜 10g / 食用油 10g

作者／山地姐

蜜桃烤肋排

💡 准备工作

1. 肋排切成长条，用厨房纸吸掉多余的水分，加红糖、大蒜粉、盐、蚝油混合均匀，抓拌几分钟，封上保鲜膜，冷藏腌制一夜。
2. 水蜜桃和苹果分别去核，切成片。西梅和提子去核，切半。
3. 将所有烤制酱汁材料混合均匀。
4. 烤箱预热 150℃。

🥄 制作步骤

1. 将肋排、水蜜桃片、苹果片间隔码放到锅中。
2. 将调好的烤制酱汁均匀地淋在锅内的食材上，铺一层百里香，再放入西梅和提子。
3. 盖上锅盖，整锅放入预热好的烤箱中，以 150℃烘烤 1 小时 30 分钟。
4. 取出锅，打开锅盖，倒出锅内全部的汤汁。
5. 取汤汁 20g，与蜂蜜、食用油混合均匀，涂在肋排表面。
6. 然后再放入烤箱，以 225℃烘烤 10 分钟至排骨上色，取出后放一些百里香装饰即可。

板栗炖鸡

作者 / 梅之小榭

⚖ 主要食材

草公鸡	1只（约1200g）
板栗仁	500g

🥣 汆水材料

小葱	10g
姜片	5g
料酒	10g

✈ 其他材料

葱片	15g
姜片	5g
食用油	10g
料酒	50g
生抽	50g
老抽	60g
冰糖	6g
盐	2g
葱花	适量

💡 准备工作

草公鸡斩成小块。冷水下锅，加入汆水材料，汆一下水，捞出，洗净，沥干水。

🥄 制作步骤

1. 锅内倒入食用油，中火热油，然后放入葱片和姜片，炒至出香味。
2. 加入汆过水的鸡块，翻炒至表皮微黄。
3. 加入生抽、老抽、冰糖和料酒，翻炒均匀。
4. 倒入热水600g，煮至沸腾，转中小火。盖上锅盖，焖煮40分钟。
5. 打开锅盖，加入板栗仁，煮开后再煮20分钟。
6. 加盐调味，收汁，最后撒上葱花即可。

Tips

◇ 去皮的板栗仁容易氧化变黑，将它浸泡在淡盐水中可以延缓变黑。

◇ 如果用带壳的板栗，可以在板栗壳的中间划一刀，然后冷水下锅，沸腾后继续煮2分钟，再捞出剥壳。

◇ 想要板栗仁更粉糯，可以提早10分钟下锅。

高丽菜卷

作者／山地姐

红色的酱汁与绿色的蔬菜相得益彰，
非常好看。
入味的肉馅和番茄味的酱汁，
一口吃下去，口感层次丰富且不腻人。

🍴 3~4人

⏱ 40分钟

🍲 28cm

60

主要食材

猪肉糜	250g
高丽菜	1棵（约500g）

腌肉馅材料

盐	3g
白砂糖	5g
鸡精	2g
胡椒粉	0.3g
生抽	3g
老抽	3g
蚝油	5g
麻油	5g

葱姜水材料

葱段	3g
姜碎	5g
清水	40g

酱汁材料

番茄膏35g / 生抽15g / 蚝油15g /
清水100g

其他材料

姜片30g / 食用油10g / 红辣椒圈
适量 / 葱花适量

准备工作

1. 高丽菜切去根部及菜芯处比较硬的部位，剥下菜叶，放入沸水中烫煮至软（约15秒），捞出后放入冷水中浸泡，备用。
2. 将番茄膏放入碗中，加入其余酱汁材料，搅拌均匀。
3. 将所有葱姜水材料混合均匀，抓捏几下，过滤出葱姜水。
4. 准备肉馅：猪肉糜先与腌肉馅材料中的盐、白砂糖、鸡精、胡椒粉混合，沿一个方向搅拌至黏稠，然后加入腌肉馅材料中的生抽、老抽、蚝油，沿一个方向搅拌至黏稠。之后分3次加入葱姜水，一边加，一边沿一个方向搅拌，每次搅拌至葱姜水被充分吸收后再加下一次。再加入腌肉馅材料中的麻油，拌匀。然后封上保鲜膜，放入冰箱冷藏4小时。

制作步骤

1. 将烫软的高丽菜叶展开，放入肉馅。
2. 用高丽菜叶包住肉馅，呈长条状。
3. 锅内倒入食用油，然后将姜片均匀地码放在锅底。
4. 将高丽菜卷摆放到锅中。
5. 盖上锅盖，中火加热5分钟，然后淋上调好的酱汁，盖上锅盖，中小火焖20分钟。
6. 撒上红辣椒圈、葱花即可。

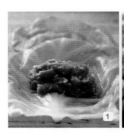

Chapter 4

海鲜大餐

用一口好锅做海鲜，才能对得起大海的馈赠，
珐琅锅的蓄热性能，让海鲜的滋味充分释放，
无需过多调味，就能尝到海的鲜甜。

双椒鱼头

这道菜是许多湘菜馆的招牌菜，我们在家里也可以轻松复刻，
一大锅的红红绿绿，绝对是一道可以宴客的硬菜，
搭配手擀面吃更是一绝！

作者 / 山地姐

🍳 3~4人

⏱ 30分钟

🍲 28cm

🎛 主要食材

花鲢鱼头	750g

🥣 腌鱼材料

料酒	20g
白胡椒粉	适量

🥣 剁椒酱汁材料

蒜蓉	20g
姜蓉	20g
蒸鱼豉油	20g
蚝油	15g
白糖	10g
红剁椒	150g
绿剁椒	150g

✈ 其他材料

小葱段	50g
葱花	20g
姜片	50g
香菜碎	10g
食用油	20g
手擀面	适量

💡 准备工作

1. 花鲢鱼头从中间剖开，展平，去掉内部的黑膜，剪掉牙齿。将处理好的花鲢鱼头与所有腌鱼材料混合均匀，腌制 30 分钟。
2. 锅中烧开水，下入手擀面，煮熟，捞出。
3. 制作剁椒酱汁：将除红剁椒、绿剁椒外的剁椒酱汁材料混合，调匀后分成两份，一份加入红剁椒，一份加入绿剁椒，再次调匀。

🥄 制作步骤

1. 锅内倒入食用油10g，铺上姜片、小葱段。
2. 将腌制好的花鲢鱼头平铺在锅内。
3. 把两种剁椒酱汁分别铺在花鲢鱼头的两半上。
4. 盖上锅盖，中火加热 10 分钟，转中小火焖焗 15 分钟。
5. 打开锅盖，撒上香菜碎和葱花。
6. 另起锅，加热剩余的食用油，然后淋在香菜碎和葱花上，然后搭配下好的手擀面即可。

蒜蓉蛤蜊焗虾

🍴 2~3人　　⏱ 15分钟　　🍲 28cm

这道菜很"快手"，颜值也很高，
连锅一起端上桌很有气势，
一大锅小海鲜味道鲜美，
还有蔬菜和粉丝打底，口感非常丰富。

作者 / 山地姐

🎚 主要食材

基围虾	400g
蛤蜊	200g
娃娃菜	半颗
细粉丝	1把

🥣 酱汁材料

小米辣	2个
生抽	15g
姜末	15g
蚝油	10g
蒜蓉酱	20g
白砂糖	5g
清水	10g

✈ 其他材料

小葱	15g
食用油	50g
盐	5g
蒜蓉	20g
香油	5g

💡 准备工作

1. 基围虾开背，挑去虾线。
2. 蛤蜊放入容器中，倒入没过蛤蜊的清水，放入盐、香油，浸泡2小时以上。浸泡时不要摇晃容器，让蛤蜊更好地吐沙。
3. 细粉丝用温水泡开。
4. 娃娃菜掰下叶片。
5. 小葱切成葱花。小米辣切成圈。
6. 制作酱汁：将所有酱汁材料混合，调匀。

🥄 制作步骤

1. 锅内倒入食用油20g，转动一下锅身，使食用油均匀地沾满锅底，然后铺上娃娃菜和泡开的细粉丝。
2. 铺上基围虾和吐净沙的蛤蜊。
3. 均匀地淋入调好的酱汁，然后盖上锅盖，中火加热至锅边有蒸气冒出，再转小火，焖8分钟。
4. 在锅的中间放入蒜蓉和葱花，然后另起锅，加热剩余的食用油至冒烟，趁热泼在蒜蓉和葱花上即可。

柠檬金汤鱼

 2~3人

⏱ 25分钟

🍲 22 cm

一大锅金汤颜色诱人，香辣酸爽。
这道菜使用了海南黄灯笼辣椒酱，
这种酱特别辣，
建议烹饪时选用一般辣度的就好。

茄汁蒜蓉焗带鱼

带鱼的新吃法，铸铁锅版无水焗带鱼。
这道菜口味酸甜，鲜香浓郁，
而且做起来非常简单，
不需要提前煎、炸带鱼，
新手小白也可以轻松做好。

3~4人

30分钟

28cm

🥘 主要食材

黑鱼	1 条（约 750g）
青笋	200g
鲜豆皮	100g
金针菇	100g
南瓜	150g

🥣 腌鱼材料

盐	3g
料酒	5g
白胡椒	0.3g
淀粉	3g
蛋清	半个

作者 / 山地姐

柠檬金汤鱼

💡 准备工作

1. 黑鱼鱼肉切成片，鱼骨切成段。
2. 鱼片洗净，与腌鱼材料混合后抓拌均匀，腌制 30 分钟。
3. 南瓜去皮，切成小块，蒸约 15 分钟后压成泥。
4. 青笋去皮，切成滚刀块。
5. 黄柠檬切出几片，其余和小青柠分别挤出汁水。

🥄 制作步骤

1 锅内倒入色拉油，中火热油，然后放入鱼骨段、姜蓉和蒜蓉，翻炒至出香味。

2 加入海南黄灯笼辣椒酱，翻炒均匀，然后加入南瓜泥和 800 g 开水，煮 10 分钟，再加入盐。

3 放入青笋块、金针菇、鲜豆皮，煮至断生（约 2 分钟）。

4 放入鱼肉片，注意不要搅拌，防止脱浆。煮熟鱼肉片（1 ~ 2 分钟），然后加入黄柠檬汁和小青柠汁，轻轻拌匀，最后放上黄柠檬片，撒上香菜碎即可。

✈ 其他材料

黄柠檬 1 个 / 小青柠 4 ~ 5 个 / 色拉油 15g / 海南黄灯笼辣椒酱 50g / 姜蓉 20g / 蒜蓉 30g / 盐 2 ~ 4g / 香菜碎适量

茄汁蒜蓉焗带鱼

作者 ／ 梅之小榭

🏮 主要食材

带鱼	600g
洋葱	220g
芹菜	180g

🥣 腌鱼材料

姜丝	15g
料酒	15g

🥣 酱汁材料

料酒	15g
生抽	20g
耗油	15g
陈醋	4g
白糖	5g
番茄酱	70g
蒜蓉酱	50g
白胡椒粉	0.5g

✈ 其他材料

葱段 30g ／ 姜片 15g ／ 蒜 15g ／ 食
用油 15g ／ 小米辣圈 5g ／ 葱花 5g

💡 准备工作

1. 带鱼去除内脏、黑膜和头尾，切成段，
   加入腌鱼材料混合均匀，腌制 15 分钟。
2. 芹菜切成段。洋葱切成片。
3. 将所有酱汁材料混合，搅拌均匀。

🥄 制作步骤

1. 锅中倒入食用油，中火热油，然后加
   入葱段、姜片和蒜，炒至出香味。
2. 放入洋葱片和芹菜段，翻炒几下。
3. 均匀地铺上腌好的带鱼段，淋上酱汁。
4. 盖上锅盖，转中小火，焖焗 15 分钟。
5. 打开锅盖，撒上葱花和小米辣圈即可。

Tips ————————————————

◇ 翻炒洋葱和芹菜时切忌过度翻炒，以免使其
   中水分流失过多，导致在焖焗过程中粘锅。
◇ 一定要去掉带鱼腹部的黑膜，否则会有苦味。

黄焖小龙虾

很多人喜欢自己在家烹饪小龙虾，
因为自己做处理得干净，吃起来也放心。
不要小看这道菜中的配菜，
吸饱汤汁后的配菜不输主角，
而且还可以按照自己的口味任意搭配。

作者 / 山地姐

3~4人

30分钟

28cm

主要食材

小龙虾	1000g

其他材料

青笋	300g
青椒	100g
洋葱末	100g
食用油	80g
蒜蓉	150g
姜蓉	25g
海南黄灯笼椒酱	100g
啤酒	300ml
盐	适量
鸡精	少许
葱花	适量

准备工作

小龙虾用牙刷清洗干净。青笋去皮切滚刀块。青椒切1cm长段。

制作步骤

1. 锅内倒入食用油，中火热油，然后放入姜蓉、蒜蓉、洋葱末，炒至出香味。
2. 加入海南黄灯笼辣椒酱，翻炒1分钟。
3. 加入洗刷干净的小龙虾，翻炒均匀，盖上锅盖焖2分钟，然后打开锅盖，倒入啤酒，再盖上锅盖，转中小火，煮20分钟。
4. 加入青笋段、青椒段，煮3分钟。
5. 加入盐、鸡精，翻炒均匀，然后撒上葱花即可。

Tips

◇ 蒜蓉翻炒后非常香，与小龙虾很配。海南黄灯笼辣椒酱是这道菜的点睛之笔。

◇ 煮小龙虾中途要打开锅盖翻一翻，以免煳底。

酒蒸蛤蜊

经典下酒菜，
简单地调味就可以享受到蛤蜊的鲜美滋味。
这道菜连汤汁都很美味，
配着米饭吃也是非常不错的选择。

作者／王光光

👥 2~3人　⏱ 15分钟　🍳 28cm

🥄 主要食材

蛤蜊	800g

✈ 其他材料

蒜末	30g
清酒	120g
葱花	9g
小红尖椒圈	6g
食用油	15g
无盐黄油	15g
生抽	18g
盐	27g

💡 准备工作

1. 将盐放入清水 900g 中化开，然后放入蛤蜊，放在避光的地方浸泡 1 小时 30 分钟，让蛤蜊吐沙。
2. 蛤蜊吐沙后用清水洗净，沥干水。

🥄 制作步骤

1️⃣ 锅内倒入食用油，中火热油，然后放入蒜末、小红尖椒圈和一半葱花，翻炒至出香味。

2️⃣ 放入吐完沙的蛤蜊翻炒均匀，然后倒入清酒，盖上锅盖，转小火焖煮 7 分钟。

3️⃣ 打开锅盖，放入无盐黄油、生抽，翻炒均匀。

4️⃣ 撒上剩余的葱花即可。

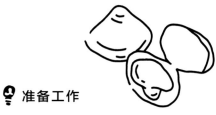

鲜美汤羹

Chapter 5

都说汤汤水水最养人，
应时应季地煲一锅，
再暖乎乎地来一口，
纷扰的心绪都被抚平了。

玉米萝卜排骨汤

这是一道味道甘甜又有营养的汤，
制作方法也很简单，
懒人和厨房小白都能轻松上手。

🍴 2~3人

🕐 1小时10分钟

🍲 22cm

当归炖鸡

这是一道有滋补功效的药膳，
用到的食材非常简单。
老母鸡和当归一起炖，
既美味，又能温和补血，提高免疫力。
铸铁锅良好的保水性能可以使当归的味道完全释放出来，
还不会蒸发掉过多的水分。

3~4人

2小时10分钟

25cm

🐮 主要食材

排骨	670g
玉米	260g
白萝卜	350g
胡萝卜	150g

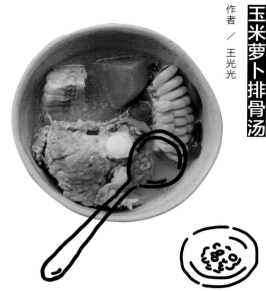

作者 / 玉光光

玉米萝卜排骨汤

🥄 准备工作

1. 排骨冷水下锅，加入料酒，用中火煮开，撇去浮沫，捞出。
2. 白萝卜、胡萝卜分别去皮，切成滚刀块。玉米切成段。

✈ 其他材料

枸杞	12g
葱花	5g
姜片	12g
料酒	20g
食用油	10g
盐	6g
细砂糖	2g
白胡椒粉	1g

🥄 制作步骤

1️⃣ 锅内倒入食用油，中火热油，然后放入汆好水的排骨，加入姜片，翻炒至排骨出香味（约 1 分钟）。

2️⃣ 放入玉米段、白萝卜块，加入清水 925g，煮至沸腾。盖上锅盖，转小火，炖煮 40 分钟。

3️⃣ 打开锅盖，放入胡萝卜块，然后盖上锅盖，炖煮 20 分钟。

4️⃣ 打开锅盖，放入枸杞，煮 2 分钟，然后加入盐、细砂糖、白胡椒粉，搅拌均匀，最后撒上葱花即可。

当归炖鸡

作者／山地姐

💡 准备工作

1. 当归、红枣、枸杞洗净，沥干水。
2. 姜去皮，切成片。

⚖ 主要食材

老母鸡	半只（约500g）
当归	40g
红枣	4 ~ 5 颗
枸杞	15g

✈ 其他材料

姜	20g
盐	2g

🥄 制作步骤

1 锅中放入老母鸡和姜片，倒入清水 1000g，然后中火煮至沸腾，撇去浮沫。

2 加入洗净的红枣、枸杞、当归，盖上锅盖，转中小火炖 2 小时。

3 打开锅盖，关火前放入盐即可。

`Tips`

◇ 新手可适当增加清水的用量，在炖煮的后半段时间内需注意观察锅内水量，以防烧干、糊锅。

腌笃鲜

小火慢炖出一锅咸香味美、热气腾腾的腌笃鲜，你一碗我一碗，一起分享更美味！

🍴 2~3人

🕐 1小时 20分钟

🍲 22cm

💡 准备工作

1. 咸肉切成 0.7cm 的片，放入凉水中浸泡 1 小时，去除部分咸味。

2. 锅中加入适量清水、黄酒 5g、和排骨，煮至沸腾，撇去浮沫，然后将排骨捞出，冲洗干净。

3. 春笋去皮，切成滚刀块。锅中加入适量清水和盐，中火煮至沸腾，放入春笋块，煮 5 分钟后捞出。

🥄 主要食材

排骨	300g
咸肉	180g
春笋	300g
百叶结	150g

🥄 制作步骤

1 锅中放入泡好的咸肉片、煮好的排骨，加入姜片、葱结、剩余的黄酒、清水 1200g，中火煮至沸腾。

2 盖上锅盖，转小火，炖煮 40 分钟。

3 打开锅盖，放入百叶结和煮好的春笋块，然后盖上锅盖，继续用小火煮 20 分钟。

4 打开锅盖，加入盐，撒上小葱段即可。

✈ 其他材料

姜片	7g
小葱段	8g
黄酒	15g
盐	适量
葱结	适量

椰汁猪肚鸡

作者／梅之小樹

这道椰汁猪肚鸡口味独特，
椰香甘甜，鸡汤浓郁。
吃完猪肚和鸡，
汤底还可以用作火锅汤底来涮菜。

🍽 2~4人

🕐 1小时

🍲 22cm

🥣 主要食材

猪肚1个／童子鸡1只／
椰青2个

🥄 清洗猪肚材料

白醋适量／盐适量／面粉
适量

🥣 猪肚汆水材料

花椒10粒／姜片3片／
料酒15g

🥣 蘸料材料

沙姜3g／蒜2瓣／小米
辣1个／葱白3g／小青柠
1个／酱油20g

✈ 其他材料

食用油10g／红枣5~10
颗／盐5g／姜片5g／料
酒15g

💡 准备工作

1. 猪肚放入所有清洗猪肚材料，搓洗 2 遍。剪去猪肚上的肥油和黄色异物。
2. 猪肚冷水下锅，加入氽水材料，中火煮 15 分钟后捞出。
3. 将猪肚清洗干净，切成条。
4. 椰青开口，取椰汁 160g、椰肉 750g，椰肉切成条。
5. 童子鸡剁成块，冷水下锅，加入料酒 15g，煮至沸腾后捞出。
6. 制作蘸料：小米辣、葱白、沙姜和蒜分别切成碎，放入切开的小青柠，最后加入酱油，搅拌均匀。

🥄 制作步骤

1️⃣ 锅内倒入食用油，中火热油，放入姜片，煎至出香味。
2️⃣ 放入处理好的猪肚条，炒至出油。
3️⃣ 倒入椰汁和适量清水，至八分满。盖上锅盖，煮沸后，转小火，炖 20 分钟。
4️⃣ 打开锅盖，放入煮好的鸡块。
5️⃣ 放入椰肉条、红枣，转中火，煮至沸腾。然后转小火，炖 30 分钟。
6️⃣ 加入盐搅拌均匀，盛入碗中，搭配调好的蘸料一起上桌即可。

Tips

椰青开口

◇ 有些超市有已开口的椰青售卖。自己开椰青的话，先用菜刀切掉椰青尖头一端的白色软壳，露出硬壳，再用刀背在露出的硬壳上敲一圈，然后撬开。

处理猪肚

◇ 清洗猪肚时要先用白醋、盐和面粉揉搓。白醋和盐可以去除异味，面粉可以吸附猪肚上的黏液和其他脏东西。洗好猪肚后，用剪刀剪去肥油和黄色异物，如果黄色异物较多，可以用开水浇在猪肚上，用刀刮掉黄色异物。清洗好猪肚后，将猪肚冷水下锅，氽一下水，再捞出来清洗一遍，洗掉猪肚内壁残留的黏液。这样，猪肚就处理好了。

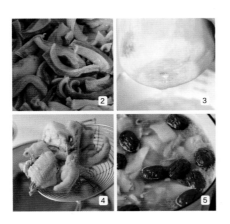

菌菇牛尾汤

这道牛尾汤味道鲜美，
滋补养生，做法简单，容易上手，
非常适合冬天炖给全家人喝。

作者 / 梅之小榭

🍴 4~5人

🕐 2小时30分钟

🍲 25cm

🥄 主要食材

牛尾	1000g
莴笋	300g
香菇	100g
海鲜菇	150g

✈ 其他材料

料酒	10g
盐	7g
白胡椒粉	0.5g
枸杞	10 粒
小葱	40g
姜片	20g
葱花	适量

💡 准备工作

1. 牛尾斩成段，用清水浸泡 3 小时，中途需多换几次水，去除血污。
2. 泡好的牛尾段冷水下锅，加入料酒、小葱 20g、姜片 10g，中火煮至沸腾，氽一下，捞出后用温水洗净。
3. 莴笋去皮，切成块。香菇切花刀。

🥄 制作步骤

1. 锅内放入适量凉水和氽好水的牛尾段，加入剩余的小葱和姜片。
2. 中火煮至沸腾，转小火，然后盖上锅盖，焖煮 2 小时。
3. 打开锅盖，放入莴笋块、海鲜菇和香菇，煮 15 分钟。
4. 放入枸杞，加入盐、白胡椒粉，搅拌均匀，然后撒上葱花即可。

丝瓜荷包蛋蛤蜊汤

作者／梅之小榭

绿树阴浓夏日长，喝一碗丝瓜汤好乘凉。

用它们煮一锅咸鲜爽口的汤吧！

鲜美的蛤蜊和焦脆的荷包蛋，

鲜嫩的丝瓜，清香的鸡菌，新鲜的大虾，

🍴 3~4 人　　⏱ 15分钟　　🍲 25 cm

🔧 主要食材

丝瓜	600g
蛤蜊	500g
鸡蛋	3 个
鸡枞菌	100g
基围虾	200g

✈ 其他材料

食用油	15g
料酒	20g
盐	8.5g
香油	2g
葱片	15g
葱花	5g
姜片	10g

💡 准备工作

1. 用清水浸泡蛤蜊，放入香油和 0.5 g 盐，静置，让蛤蜊吐沙。
2. 基围虾去头和尾部的壳，剪开背部，挑去虾线。
3. 丝瓜去皮，切成滚刀块。
4. 鸡蛋煎成荷包蛋。
5. 烧开水，放入鸡枞菌焯水 1 分钟，捞出后清洗干净。

🥄 制作步骤

1. 锅内倒入食用油，中火热油，然后放入葱片和姜片，翻炒至出香味。
2. 放入丝瓜块，翻炒至变软（约 3 分钟）。
3. 放入荷包蛋，然后倒入热水 1200 g，煮至沸腾，再加入料酒。
4. 放入吐好沙的蛤蜊、处理好的基围虾、焯过水的鸡枞菌，煮 5 分钟至蛤蜊开口。
5. 撇去白色浮沫，加入剩余的盐调味，最后撒上葱花即可。

Tips

◇ 丝瓜切块后泡入盐水可以防止其氧化、变黑。
◇ 鸡枞菌先焯水再清洗，这样菌盖才不会掉。
◇ 泡蛤蜊的时候滴几滴香油，然后搅拌一下，可以在水面形成一层油花，将水和空气隔开，加快蛤蜊吐沙的速度。

冬瓜连锅汤

连锅汤是四川人餐桌上的"常客"。
它不用碗，煮好后连锅上桌，故得其名。
这道菜用简单的食材和烹饪方式，
保留了食物的本真滋味，汤鲜味美，
有肉、有菜、有汤，再配上蘸水，真是太下饭了！

作者 / 山地姐

🍽 3~4人

⏱ 50分钟

🍲 22cm

🥣 主要食材

五花肉（或二刀肉）	250g
冬瓜	400g

🥣 料包材料

花椒	1g
姜片	10g

🥣 豆瓣酱蘸水材料

郫县豆瓣酱	20g
高汤	15g
食用油	25g
白糖	1g
葱花	适量

🥣 鲜辣味蘸水材料

蒜蓉 5g / 姜蓉 5g / 葱花 5g / 小米辣 1 个 / 食用油 15g / 生抽 15g / 高汤 10g

✈ 其他材料

葱结适量 / 盐适量 / 胡椒粉适量 / 葱花适量

💡 准备工作

1. 冬瓜去皮，切成片。
2. 将所有料包材料放入茶袋，制成料包。
3. 制作豆瓣酱蘸水：郫县豆瓣酱、高汤和食用油混合，炒至出香味，加入白糖、葱花，搅拌均匀。
4. 制作鲜辣味蘸水：食用油烧热，小米辣切成圈，与蒜蓉、姜蓉、葱花混合，用热油泼香，加入生抽和高汤，搅拌均匀。

🥄 制作步骤

1. 锅中放入五花肉、制作好的料包、葱结和适量清水，中火煮至五花肉八成熟（18~20 分钟），撇去浮沫，然后将五花肉捞出，放凉，切成片。

2. 将料包和葱结捞出，汤中加入冬片瓜，盖上锅盖，煮 10 分钟，然后下入八成熟的五花肉片，煮 5 分钟。

3. 加入盐和胡椒粉，撒上葱花，搭配蘸水，连锅上桌即可。

陈皮老鸭汤

滋阴养肺的老鸭汤，简单易做，
喝起来带有陈皮的淡淡甘香，浓郁且不腻，
是一道很好喝的滋补汤。

作者 / 王光光

🍴 3~4人

🕐 1小时50分钟

🍲 25cm

🧮 主要食材

老鸭	1只（约800g）
红枣	25g
干莲子	35g

✈ 其他材料

姜片	16g
陈皮	7g
枸杞	10g
盐	6g

💡 准备工作

1. 将干莲子、陈皮分别放入清水中，浸泡半小时。
2. 陈皮浸泡后用小刀刮除内瓤。
3. 用剪刀剪下红枣的肉。
4. 老鸭斩成块，放入沸水中，加入少量姜片，氽2分钟，然后撇去浮沫，捞出鸭块，洗净。

🥄 制作步骤

1. 锅中加入氽好水的鸭块、泡好的莲子、剩余的姜片、处理好的陈皮、红枣肉和清水1680g。
2. 中火煮至沸腾，盖上锅盖，转小火，炖1小时30分钟。
3. 打开锅盖，加入盐，再炖10分钟。
4. 关火，加入枸杞，盖上锅盖，闷2分钟即可。

Chapter 6

异国料理

吃惯了熟悉的味道，偶尔也需要来点不一样的风味作调剂，试试异国料理，开启舌尖上的漫游。

黑椒肉眼牛排佐煎香薯角

这是一款小白也能轻松做出的大厨牛排。
烧得炙热的铸铁锅能瞬间锁住肉汁，
滋啦滋啦，外焦里嫩的牛排就要诞生了。

作者 / 北鼎

🍴 1~2 人

🕐 15 分钟

🍲 18 cm

🍖 主要食材

眼肉牛排	200g
土豆	250g
白洋葱	40g
口蘑	2 个（约 50g）
西蓝花	50g
小番茄	2~3 颗

✈ 其他材料

橄榄油	10g
黄油	10g
迷迭香	1 段
黑胡椒酱	20g
研磨海盐黑胡椒碎	8~10g
大蒜	6~8 瓣

💡 准备工作

1. 牛排解冻，并用厨房纸吸干表面的血水。
2. 西蓝花切小块。白洋葱切细丝。土豆切成薯角形状。小番茄对半切开。大蒜无需去皮，用刀压扁即可。

🥄 制作步骤

1 牛排两面淋少许橄榄油，撒上研磨海盐黑胡椒碎，稍微按摩均匀。

2 剩余的橄榄油倒入锅内，用北鼎电磁炉自由烹饪 3 挡火力，加热 1 分钟，然后放入牛排和大蒜，牛排两面各煎 40 秒左右。

3 火力调至 1 挡，放入黄油、迷迭香。

4 黄油完全化开后舀起，淋在牛排表面约 1 分钟。

5 用锡纸包裹大蒜、迷迭香和牛排，醒肉 4~5 分钟。

6 火力调至 2 挡，用锅内剩余的油煎薯角，煎至微微焦黄后放入口蘑，煎至微软后，放入西蓝花煎约 2 分钟。

7 关火后放入洋葱丝，将牛排切成条放置在薯角上，淋上黑胡椒酱，摆上切开的小番茄即可。

Tips

◇ 煎牛排的时间可根据牛排的大小、厚度以及喜好的熟度自行调节。

◇ 牛排需要充分解冻后再煎。

◇ 小煎锅建议全程搭配防烫小北帽使用，避免烫伤。

◇ 煎薯角的时候记得及时翻面，避免煎煳。

◇ 若使用明火，北鼎电磁炉自由烹饪 3 挡火力对应中火，2 挡对应中小火，1 挡对应小火。

日式寿喜锅

🍴 2~4人   ⏱ 20分钟   🍲 24cm

热气腾腾的日式寿喜锅，
不管是朋友聚会还是一人食，
都能胜任。
光是听着锅子的咕嘟声，
心情都会被治愈！
准备好食材和酱汁，
就可以开启这份简单的幸福了。

作者 / 北鼎

⚖ 主要食材

肥牛卷	500g
豆腐	220g
金针菇	140g
玉米	1根（约300g）
娃娃菜	160g
胡萝卜	100g
茼蒿	100g
鲜香菇	6朵（约80g）

🥣 酱汁材料

生抽	50g
味淋	50g
白糖	10g
清水	300g

✈ 其他材料

大葱段	120g
食用油	15g

🥄 制作步骤

1️⃣ 将所有蔬菜洗净。玉米切段。娃娃菜掰下叶片。胡萝卜切片，切上花刀。鲜香菇顶部切十字花刀。豆腐切厚片。酱汁材料放入碗中调匀。

2️⃣ 锅内倒入15g食用油，北鼎电磁炉选择"火锅"模式4挡加热2分钟，放入大葱段翻炒大约1分钟，待大葱段变软后，先放一半肥牛片于锅底煎熟。

3️⃣ 将电磁炉程序先暂停，在锅内依次摆入准备好的蔬菜、豆腐和另一半肥牛片，倒入调好的酱汁。

4️⃣ 继续程序，关盖焖煮10分钟即可。

泰式红咖喱牛腩

红咖喱可以搭配任何肉类，
但和牛腩最是绝配，
软滑香嫩的泰式红咖喱牛腩用来拌饭，
好吃到舔盘！

作者 / 北鼎

🍴 2~4 人

🕐 1 小时 30 分钟

🍲 24 cm

🐂 主要食材

牛腩	900g
土豆	250g
胡萝卜	150g

🥣 焯水材料

葱段	20g
姜片	10g
料酒	10g

🥣 焖炖材料

香茅	200g
红咖喱酱	10g

✈ 其他材料

食用油	20g
椰浆	10g
红咖喱酱	80g
香茅	50g
蒜末	15g
柠檬叶	5g
椰糖	15g
鱼露	8g
红辣椒圈	15g
九层塔叶	5g

🥄 制作步骤

1. 先将牛腩切成 3~4 厘米见方的大块；土豆、胡萝卜切块；泰式香料备好。

2. 牛腩冷水入锅，加入料酒、葱段、姜片，用北鼎电磁炉自由烹饪 3 挡火力煮出浮沫后捞出。

3. 牛腩块放入炖烧锅中，加入焖炖材料中的香茅、红咖喱酱，倒入没过牛腩的清水（约 1100 克）。

4. 北鼎电磁炉的大厨菜单中选择"炖牛腩－香韧"模式，将牛腩炖烂后全部倒出备用。

5. 锅中倒入食用油，用北鼎电磁炉自由烹饪 2 挡火力加热约 2 分钟。

6. 放入其他材料中的香茅、蒜末、红咖喱酱炒 3 分钟，再倒入椰浆。

7. 保持 2 挡火力，加入 500g 炖牛腩的原汤，煮开后放入土豆、胡萝卜和牛腩，盖上锅盖炖煮 15 分钟。

8. 土豆炖软后加入椰糖、鱼露和柠檬叶略煮 2 分钟。

9. 关火后撒上红辣椒圈和九层塔叶即可。

泡菜五花肉豆腐汤

谈到韩国美食，
除了辣炒年糕和泡菜，
应该就是各式各样的汤料理了，
比如韩剧中经常出现的泡菜豆腐汤，
泡菜的酸，辣酱的辣，加上满满的配菜，
不禁让人胃口大开。
天冷时煮上一锅辣汤，
配上一碗热气腾腾的米饭，
正是平凡生活中微小而确定的幸福。

作者 / 山地姐

4~5人

30分钟

25cm

🥘 主要食材

五花肉	400g
韩式泡菜	300g
金针菇	150g
老豆腐	400g

🍲 腌肉材料

料酒	20g
生抽	10g
蚝油	10g
葱花	5g
姜片	4g

✈ 其他材料

食用油	10g
韩国辣酱	75g
白砂糖	1g
盐	1g
香油	3g
蒜	40g
葱	5g
香菜	适量

💡 准备工作

1. 五花肉去皮，切成片。将五花肉片和所有腌肉材料混合，抓拌均匀，腌制15分钟。
2. 金针菇去根。老豆腐切成块。
3. 葱斜切成段。蒜剁成蒜泥。香菜切成香菜碎。

🥄 制作步骤

1 锅内倒入食用油，中火热油，然后放入腌制好的五花肉片，煸炒至变色。

2 放入韩式泡菜和葱段，翻炒2分钟，然后倒入清水1300g，煮至沸腾。

3 放入韩国辣酱，搅拌均匀。

4 转小火，盖上锅盖，煮20分钟。

5 打开锅盖，放入蒜泥，搅拌均匀，然后放入去根的金针菇和老豆腐块，转中火，煮5分钟。

6 放入盐、白砂糖，然后淋上香油，最后撒上香菜碎即可。

Tips ————————————

◇ 五花肉冷冻至微硬后更好切。

◇ 韩式泡菜的汁不要丢掉，用它来煮汤味道更浓郁。

◇ 爱吃辣的人可以在放入韩国辣酱后加入适量的韩式细辣椒粉，爱吃酸的人可以在放入蒜泥后加入适量的白醋。还可用午餐肉、金枪鱼罐头、西葫芦、黄豆芽、土豆等材料作为配菜。

西班牙海鲜烩饭

一道烩饭汇集了大海的精华,
米饭加海鲜焖煮,
每一粒米都吸收了汤汁的鲜美,
将好滋味发挥到了极致。

作者 / 北鼎

🍽 2~4 人

🕐 30 分钟

🍲 28 cm

🥘 主要食材

珍珠米	200g
鱿鱼	1 只（约 120g）
扇贝	6 个
贻贝	6 个
大虾	4 只
热狗肠	3 根
红甜椒	1 个
番茄	1 个
洋葱	半个
芹菜	1 根
蒜	4 瓣

✈ 其他材料

咖喱粉	1.5 克
黑胡椒粉	少许
盐	适量
朗姆酒	100g
清水（或高汤）	450g
柠檬	1 个
香菜	1 段
食用油	2 大勺

🥄 制作步骤

1. 所有主要食材清洗干净。洋葱、红甜椒、番茄、芹菜切碎。蒜切成蒜蓉。柠檬切成角状。
2. 锅内放 1 大勺油，放入蒜蓉炒香。
3. 加入洋葱碎，炒匀，再加入芹菜炒出香味；加入红甜椒和番茄，翻炒 1 分钟至番茄出水。
4. 加入珍珠米、盐、黑胡椒粉和咖喱粉，炒匀。
5. 加入朗姆酒，倒入清水（或高汤）450g，盖上锅盖，中火焖煮 12 分钟左右。
6. 铺上海鲜、热狗肠，加 1 大勺油，盖上锅盖，小火继续焖煮 10 分钟左右（按海鲜大小适当调整时间）。打开锅盖，放上香菜段和柠檬。
7. 最后可以根据个人口味，在海鲜上挤柠檬汁食用。

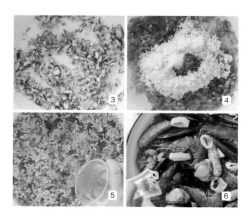

Chapter 7

有料主食

拥有铸铁锅就能成为焖饭界的高手，
无论是平平无奇的白米饭，
还是有菜有饭的一锅出，
每一碗都能让你的味蕾折服。

杂粮饭和白米饭

使用铸铁锅焖煮出来的米饭粒粒分明，
口感软硬适中。
利用16cm焖煮锅做米饭非常好操作，
可以轻松做出
松软、香甜、不煳底的米饭。

作者 / 王光光

🍴 2~3人

🕐 40分钟

🍲 16cm

🥣 杂粮饭材料

大米	105g
黑米	35g
糙米	35g

🥣 白米饭材料

大米	320g
黑芝麻	适量

💡 准备工作

1. 制作杂粮饭需将黑米、糙米提前浸泡 5 小时，大米提前浸泡 30 分钟，然后沥干水。
2. 制作白米饭将大米提前浸泡 30 分钟，然后沥干水。

🥄 制作步骤

1 将沥干水的米全部放入锅中，制作杂粮饭加入清水 210g，制作白米饭则需加入清水 384g。

2 中火煮至沸腾，然后用小勺搅拌一下，以免米粒粘在锅底。

3 转小火，盖上锅盖，煮 5 分钟。

4 关火，杂粮饭闷 25 分钟即可。白米饭闷 20 分钟，盛出后撒上黑芝麻即可。

`Tips`

用铸铁锅做好吃的米饭

把握这四点，就能用铸铁锅做出香喷喷的米饭。

◇ **浸泡**：使用铸铁锅焖煮米饭前要浸泡大米或杂粮米。大米一般浸泡 20~30 分钟，杂粮米至少浸泡 4 小时。这样才能让米粒吸收足够的水分，更易焖煮。

◇ **米水比例**：可按照个人喜爱的软硬程度灵活调整用水量，米和水可按照 1:1, 1:1.2 或 1:1.5 的比例来放。水越多，饭越软。

◇ **焖煮火力**：先用中火煮至沸腾，再转小火煮 5~6 分钟，切忌火力过大，小火慢焖才是米饭好吃的秘诀。

◇ **善用铸铁锅的优势**：做好后不要马上打开锅盖，要继续盖着锅盖闷 20~25 分钟。"关火闷"正是利用了铸铁锅保温、蓄热性能极佳的优势，让米粒持续均匀受热，从而得到一锅不煳底、米粒饱满且香气四溢的米饭。

瑶柱丝鱼片杂蔬粥

鲜美嫩滑的鱼片，浓稠顺滑的粥底，营养丰富，清淡美味。一碗粥下肚，整个人都暖暖的！

🍽 2~3人

🕐 1小时30分钟

🍲 16 cm

香菇鸡腿焖饭

试试这道懒人焖饭吧，饭菜和肉可以一锅搞定，鲜香浓郁，简单又好吃！

🍽 2~4人

⏱ 40分钟

🍲 24 cm

作者／北鼎

香菇鸡腿焖饭

🍳 主要食材

琵琶腿	4 个
干香菇	10 朵
大米	300g
洋葱	半个（约 150g）
胡萝卜	1 根（约 180g）
土豆	1 个（约 200g）
煎蛋	1 个
豌豆苗	少许

🥣 其他材料

姜丝	10g
料酒	20g
生抽	20g
老抽	10g
盐	3g
白糖	15g
葱花	适量
食用油	10g
白芝麻	少许

🥄 制作步骤

1. 干香菇稍作清洗后，提前 2 小时浸泡，泡发后对半切一刀，浸泡香菇的水无需倒掉，后面留用。

2. 洋葱切丝。胡萝卜和土豆切滚刀块。豌豆苗焯熟。

3. 琵琶腿去骨，切成块，加料酒、姜丝抓匀，静置一会儿去掉腥味。

4. 锅中倒油，用北鼎电磁炉自由烹饪 4 挡火力热锅 1 分钟，放入洋葱丝和鸡腿肉翻炒 1 分钟至变色，再加生抽、老抽、盐和白糖调味，翻炒均匀。

5. 加入香菇、胡萝卜和土豆继续翻炒，倒入 200g 泡香菇的水，再加入洗净的大米，平铺在食材表面。可以酌情再加 100g 清水，水量没过食材 5mm 左右即可。

6. 将电磁炉模式调整为"煲仔饭 – 适中口感"，关盖至程序结束，将做好的焖饭盛入盘中，摆上豌豆苗和煎蛋，撒上白芝麻和葱花即可。

Tips

◇ 若使用其他炉具，步骤 6 的火力可以如下调整：中火加热至锅边冒出水汽，立即调整为小火 15~20 分钟，再关火闷 15 分钟即可。

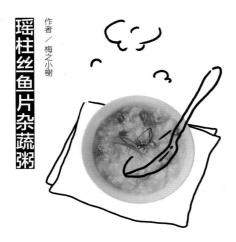

作者／梅之小榭

瑶柱丝鱼片杂蔬粥

🎀 主要食材

瑶柱	15g
鱼片	150g
玉米	50g
青豆	50g
胡萝卜	50g
大米	95g

🥣 腌鱼材料

淀粉	1.5g
蛋清	1个
盐	1g

✈ 其他材料

料酒	18g
食用油	1g
盐	1.5g
香油	1g

💡 准备工作

1. 瑶柱放入温水中，加入料酒10g，泡3小时后撕成丝。
2. 将鱼片、剩余的料酒和所有腌鱼材料混合，抓拌均匀，腌制半小时。
3. 胡萝卜切成丁。玉米剥粒。青豆放入开水中焯2分钟，沥干水。

🥄 制作步骤

1. 锅内薄薄地刷一层食用油，放入清水800g和大米，浸泡1小时。
2. 盖上锅盖，中火煮开，然后转小火焖煮20分钟。
3. 打开锅盖，放入玉米粒和胡萝卜丁，煮5分钟。
4. 放入瑶柱丝和腌好的鱼片，将其拨散，煮至鱼片发白（约4分钟）。
5. 放入焯过水的青豆粒，煮1分钟。
6. 加入盐、香油即可。

Tips

◇ 泡发瑶柱时还可以将其放入冰箱，隔夜冷藏浸泡。
◇ 青豆焯水是为了保持其碧绿的颜色。如果你喜欢软烂一点儿的口感，可以将青豆和玉米粒、胡萝卜丁一起下锅。

一颗番茄饭

作者／梅之小榭

这道网上『爆火』的一颗番茄饭酸甜美味，简单易学，很适合上班族和厨房小白。

🍴 2~3人　　⏱ 1小时　　🍲 16cm

💡 准备工作

1. 大米洗净，加清水浸泡1小时。
2. 胡萝卜、午餐肉、鲜香菇切丁。
3. 锅中烧开水，分别放入玉米粒和豌豆粒，各焯半分钟，捞出。
4. 番茄去蒂，顶部用刀划十字。

🥄 主要食材

番茄	1个（约200g）
大米	240g
豌豆粒	40g
胡萝卜	30g
玉米粒	30g
马苏里拉芝士碎	35g
午餐肉	35g
鲜香菇	25g

📌 其他材料

食用油	5g
香油	7g
盐	1g
黑胡椒粉	0.5g

🥄 制作步骤

1. 锅内薄薄地刷一层食用油。
2. 放入浸泡好的大米，铺上胡萝卜丁、午餐肉丁、鲜香菇丁和焯过水的玉米粒、豌豆粒。
3. 将番茄放在锅的中心，加入270g清水，盖上锅盖，中火煮至沸腾（锅沿有蒸气冒出），然后转小火煮15分钟。
4. 打开锅盖，迅速撒上马苏里拉芝士碎，然后盖上锅盖，煮5分钟，关火。
5. 关火后不要打开锅盖，闷30分钟。
6. 打开锅盖，把番茄压烂，然后加入盐、黑胡椒粉、香油，拌匀即可。

咖喱鸡肉饭

作者 ／ 王光光

浓郁的咖喱搭配嫩滑的鸡肉，"干饭人"怎么能缺少这份美好呢？这道菜很适合烹饪新手和没有太多时间做饭的上班族，快点试试吧！

👥 1~2 人　⏱ 40 分钟　🍳 16 cm

⚖ 主要食材

鸡腿	250g
土豆	180g
胡萝卜	70g
白洋葱	50g
米饭	1 ~ 2 碗

✈ 其他材料

小番茄	适量
生菜	适量
食用油	15g
咖喱块	60g
鸡高汤	320g
黄酒	10g
白胡椒粉	2g

💡 准备工作

1. 鸡腿去骨，切成块，加入黄酒和白胡椒粉抓拌均匀，腌制 15 分钟。
2. 土豆去皮，切成滚刀块。胡萝卜去皮，切成片。白洋葱去皮，切成碎。小番茄去蒂，切成两半。
3. 咖喱块切碎。

🥄 制作步骤

1. 锅中倒入食用油，中火热油，放入白洋葱碎，炒至出香味、微微焦黄。
2. 放入胡萝卜片和腌好的鸡腿肉块，炒至鸡肉变色。
3. 放入土豆块，翻炒均匀。
4. 倒入鸡高汤，煮至沸腾。
5. 盖上锅盖，转小火，煮 17 分钟。
6. 打开锅盖，加入咖喱碎，搅拌均匀，继续煮至自己喜欢的浓稠度。
7. 与米饭一起盛入盘中，搭配生菜和切半的小番茄即可。

鲍鱼煲仔饭

作者／梅之小榭

寒冬时节，来一碗香喷喷、热腾腾的煲仔饭最能暖心。颗粒饱满的米饭吸收了腊肠丰富的油香，鲜而不腻的鲍鱼混合着风味醇厚的酱油，让人欲罢不能。

🍽 3人

🕐 1小时50分钟

🍲 28cm

⚖ 主要食材

鲍鱼	3 个
腊肠	70g
鸡蛋	1 个
香菇	4 朵
油菜	100g
大米	320g

🥣 腌鲍鱼材料

料酒	7g
白胡椒粉	0.1g
盐	0.1g

✈ 其他材料

食用油	7g
煲仔饭酱油	20g

💡 准备工作

1. 鲍鱼取肉，切花刀，与所有腌鲍鱼材料混合，腌制 30 分钟。
2. 腊肠切成片。油菜切掉根部。香菇切花刀。

🥄 制作步骤

1. 锅内薄薄地刷一层食用油（约 1g），加入大米，倒入清水 380g，浸泡 1 小时。
2. 盖上锅盖，中火加热至锅边有蒸气冒出（约 5 分钟），转小火，煮 8 分钟。
3. 打开锅盖，放入腌好的鲍鱼肉和腊肠片，打入鸡蛋，沿着锅边淋入食用油 5g。
4. 盖上锅盖，焖煮 5 分钟，然后关火，闷 20 分钟，注意中途不要打开锅盖。
5. 另起锅，倒入适量清水，煮至沸腾，加入剩余的食用油，放入切好的香菇和油菜，油菜焯 30 秒，香菇焯 5 分钟，分别捞出。
6. 打开米饭锅的锅盖，将焯好水的香菇和油菜摆到锅里，淋上煲仔饭酱油即可。

Tips

◇ 鲍鱼可以放入温水中浸泡 5 分钟后取肉，这样会更加容易。

◇ 如果想要多一些锅巴，可以延长几分钟煮饭的时间。

◇ 焯蔬菜时，往水里加入食用油，可以使菜叶保持鲜绿。

豆角焖面

有肉、有菜、有主食。
腊肉咸香，四季豆和土豆炖煮得软烂，
手擀面筋道爽口，
一大锅端上桌即可开吃。

作者 / 王光光

🍲 2~3人

⏱ 25分钟

🍲 28cm

⚖ 主要食材

手擀面	300g
四季豆	250g
腊肉	80g
土豆	150g

🥣 配料 1

生抽	18g
老抽	8g
蚝油	12g
白砂糖	4g
盐	2g
五香粉	1g

🥣 配料 2

蒜蓉	10g
葱叶	7g
香油	5g

✈ 其他材料

葱白	8g
姜	6g
蒜	15g
小红尖椒	8g
猪油	30g

💡 准备工作

1. 四季豆掰成小段。
2. 土豆切成粗条，浸泡在水中。腊肉切片。
3. 手擀面抖散，晾开。
4. 姜、蒜切成片。小红尖椒切成圈。
5. 葱白切成长段，葱叶切成葱花。

🥄 制作步骤

1. 锅内放入猪油，中火加热至化开，然后放入腊肉片，炒至肥肉部分变得有些透明。

2. 加入姜片、蒜片、葱白段、小红尖椒圈，炒至出香味。

3. 加入四季豆段和土豆条，翻炒半分钟。

4. 加入配料 1 中的所有材料，翻炒均匀。

5. 加入清水 360 g，煮至沸腾，然后盖上锅盖，转中小火，煮 5 分钟。

6. 打开锅盖，盛出大约三分之二的汤汁，备用。

7. 将手擀面平铺在锅内，盖上锅盖，焖 6 分钟。

8. 打开锅盖，淋入盛出的汤汁，边淋边翻拌手擀面，使其均匀地裹上汤汁，然后盖上锅盖，焖 7 分钟，再打开锅盖，将锅内食材翻拌均匀，关火，最后加入配料 2 中的所有材料，翻拌均匀即可。

任食材千变万化，铸铁锅总能带来惊喜，无论是中式小吃还是西式甜点，铸铁锅都能搞定，做完直接端上桌，为闲暇时光增加一点仪式感。

小吃甜点

Chapter 8

椒盐炸虾

金黄的外壳裹着鲜嫩大颗的虾仁，
外酥里嫩，椒香酥软，
一口一个，好吃到停不下来！

作者 / 梅之小榭

🎚 3 人

⏱ 15 分钟

🍲 16 cm

🦐 主要食材

基围虾	400g
青菜椒	25g
红菜椒	25g
鸡蛋液	100g

📌 其他材料

玉米淀粉	100g
蒜末	15g
食用油	300g
椒盐	1g

🥣 腌虾材料

小葱段	5g
白胡椒粉	0.5g
料酒	10g
生抽	5g
姜片	10g
盐	0.3g

准备工作

1. 基围虾开背，剥去壳，挑去虾线。
2. 将虾仁与所有腌虾材料混合，抓匀，腌制15 分钟。
3. 青菜椒、红菜椒分别切成末。
4. 玉米淀粉和鸡蛋液混合，调成面糊。

制作步骤

1 将腌制好的虾仁裹上调好的面糊。

2 锅内倒入食用油，中火热油，然后放入裹好面糊的虾仁，炸 2 分钟，捞出，备用。

3 再次热油 1 分钟，然后放入炸好的虾仁复炸 1 分钟，捞出，备用。

4 将大部分食用油倒去，只留少许底油，放入青菜椒末、红菜椒末、蒜末，转中小火，炒至出香味。

5 放入炸好的虾仁，加入椒盐，翻炒均匀即可。

钵钵鸡

作者 ／ 王光光

夏日炎炎，如果你嫌炒菜太热，可以试着做一份好吃的钵钵鸡。这道菜荤素搭配，麻辣鲜香。

🍽 1~2 人

⏱ 1 小时

🍲 16 cm

🐮 主要食材

鸡胗	45g
鸡爪	100g
鸡翅	70g
鲜虾	30g
牛肉丸	70g
土豆	50g
西蓝花	100g
千张	38g
鲜香菇	35g

🥣 腌制材料

盐	2g
白胡椒粉	0.5g
姜丝	6g
黄酒	12g

🥣 高汤材料

鸡高汤	730g
小红尖椒	10g
白芝麻	12g
盐	13g
细砂糖	7g
味极鲜	15g
芝麻酱	15g
香醋	7g
五香粉	2g
白胡椒粉	1g
浓缩鸡汁	16g

✈ 其他配料

洋葱	1/4 个
小葱	15g
姜	10g
菜籽油	20g
油泼辣子	70g
藤椒油	30g

Tips

有哪些类型的高汤?

◇ 日常的高汤可以分为肉高汤和素高汤。做菜、煮面时,或是向火锅汤底中添加高汤可以起到增鲜、提味的作用。肉高汤一般是由鸡骨或猪骨熬制出的,熬制时间较长;素高汤一般是由蔬菜熬制出的,时间相较肉高汤来说短一些,因此味道也会淡一些。

如何熬制肉高汤?

◇ 猪骨或鸡块冷水下锅,汆一下水,捞出后洗去浮沫,再放入锅里,加足量的清水、姜片,中火煮开后转小火,盖上锅盖,炖 90 ~ 120 分钟,煮好后过滤出汤即可。

如何熬制素高汤?

◇ 锅内倒入食用油,烧热,放入黄豆芽、白萝卜、娃娃菜翻炒,然后加入足量的热水,中火煮开后转小火,盖上锅盖,煮 90 分钟,煮好后过滤出汤即可。

🔆 准备工作

1. 鸡爪剪掉指甲后对半切开。鸡翅对半切开。鸡胗切成片。将切好的鸡爪、鸡翅、鸡胗片与所有腌制材料混合，抓拌均匀，腌制 15 分钟。
2. 鲜虾剪掉虾须，挑去虾线。牛肉丸对半切开。
3. 土豆切成片。西蓝花切成大朵。鲜香菇切成厚片。干张剪成大片后两折成三层。
4. 洋葱切成片。小红尖椒切成小圈。姜切成片。小葱葱白部分切成段，葱叶部分打成结。白芝麻小火炒熟。

🥄 制作步骤

1 锅中加入适量清水，放入小葱结和腌制好的鸡爪、鸡翅、鸡胗，中火煮至沸腾，然后转小火，盖上锅盖，煮 16 分钟。

2 捞出煮好的鸡爪、鸡翅、鸡胗，放入凉白开中浸泡，给食材降温，备用。

3 将所有主要食材用竹签穿成串，备用。

4 另起锅，烧开水，放入所有穿好的素菜串，煮 2 ~ 3 分钟，捞出，备用。

5 放入牛肉丸串和鲜虾串，煮至牛肉丸漂浮、鲜虾变色，捞出，备用。

6 另起锅，锅内倒入菜籽油，中火热油，然后放入洋葱片、小葱段、姜片炸至变干发黄，捞出。

7 加入鸡高汤，煮至沸腾，关火。加入细砂糖、盐、味极鲜、芝麻酱、香醋、五香粉、白胡椒粉、浓缩鸡汁，搅拌均匀。

8 加入小红尖椒圈、油泼辣子、藤椒油、熟白芝麻，搅拌均匀。

9 放入所有的串，浸泡至入味即可。

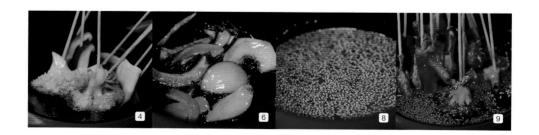

原味松饼

配方简单的松饼也可以让人难以忘怀，
搭配一些水果，
撒上一些糖粉，
淋上一点蜂蜜，
一定会成为早餐或下午茶的常客。

作者 / 北鼎

🍴 1~2人　　⏱ 20分钟　　🍲 18cm

🥄 制作步骤

1 将鸡蛋打开，蛋黄与蛋清分离，蛋清放在无油无水的料理盆内。蛋黄与低筋面粉、白砂糖、牛奶混合，搅拌成无颗粒的面糊。

2 用电动打蛋器打发蛋清，打发至小弯钩的状态，成为蛋白霜。

3 混合蛋白霜与面糊，倒入裱花袋中备用。

4 小煎锅无需下油，使用北鼎电磁炉自由烹饪1挡火力热锅，将裱花袋剪小口，面糊挤在煎锅中心，让面糊自己流淌成圆形。

5 约2分钟后，当看到面糊表面有较多大气泡、并开始破裂时翻面。

6 翻面后再煎1分钟即可。依次重复完成所有松饼的煎制，将松饼叠起，搭配上煎香蕉和树莓，撒上糖粉，淋上蜂蜜，装饰薄荷叶即可。

⚖ 主要食材

常温鸡蛋	2个（每个约60g）
低筋面粉	120g
牛奶	120g
白砂糖	30g
糖粉	2g
煎香蕉	1根
树莓	5颗
蜂蜜	3g
薄荷叶	少许

焦糖海盐爆米花

作者 / 王光光

爆米花是一种大人小孩都爱吃的休闲小零食。

闲暇时在家做一份爆米花，再看一部自己喜欢的电影，一秒进入家庭影院模式，轻松愉快。

👥 2~3人　⏱ 25分钟　🍲 28cm

🥄 制作步骤

1. 玉米油倒入锅内，中火热油至180℃，放入玉米粒，轻轻翻动，使其均匀地裹上玉米油。

2. 待爆出 1 ~ 2 颗爆米花后，盖上锅盖。

3. 锅中发出高频的爆开声时，不时地晃动一下锅，使玉米粒受热均匀。

4. 爆开声变少接近停止时关火，打开锅盖，从底部向上翻拌几下，盛出。

5. 锅中加入细砂糖和30 g清水，中小火熬至冒出的大泡泡变小，轻轻晃动一下锅，使其受热均匀。

6. 锅内糖浆颜色逐渐变成淡琥珀色后，加入无盐黄油和海盐。

7. 搅动至无盐黄油化开，关火，放入爆米花，翻拌均匀，让每颗爆米花都均匀地裹上糖浆。

8. 盛出，摊平在容器中，放至温热，用手将黏在一起的爆米花分开，然后放凉即可。

👤 主要食材

爆米花用玉米粒	80g

✈ 其他材料

玉米油	40g
细砂糖	60g
无盐黄油	20g
海盐	1 ~ 2g

酸奶莓果荷兰宝贝

作者 ／ 北鼎

这是一款变化万千的超人气甜点！

免打发，搅一搅，烤一烤，

再放上自己喜欢的酸奶、水果，或是培根、香肠，

可甜可盐，简简单单就能上桌了。

🍳 1~2人　⏱ 30分钟　🍲 18cm

Tips

◇ 制作使用了北鼎5系烤箱，如果使用北鼎7系烤箱，可使用"上下烤"模式同样是200℃，15分钟。

◇ 酸奶水果可以更换成培根、香肠等，变成咸口。

◇ 烘烤时间和温度根据自己烤箱脾性自行调节，烘烤过程中需观察，顶部稍微焦黄即可，避免烘烤太久烤糊。

◇ 取放小煎锅建议搭配防烫小北帽使用，避免烫伤。

🥄 制作步骤

1. 小煎锅放入烤箱中下层，用"烘焙烤"模式，200℃，15分钟，进行预热。

2. 全蛋液、牛奶和细砂糖用蛋抽充分混匀。将低筋面粉过筛至混合液体中，用刮刀Z字形搅拌均匀至无明显颗粒状。

3. 预热好的小煎锅内放入黄油化开，用硅胶刷抹匀，过筛入混合好的面糊。

4. 再将小煎锅直接放置在已经预热好的烤箱内，中下层烘烤15分钟左右。

5. 出炉后稍微放凉，然后倒入酸奶，摆上水果，撒上糖粉，装饰薄荷叶即可。

⚖ 主要食材

黄油	10g
低筋面粉	20g
牛奶	65g
全蛋液	55g
细砂糖	5g
酸奶	适量
芒果丁	20g
蓝莓	30g
莓果（树莓或黑莓）	10 颗
樱桃	3 颗
糖粉	5g
薄荷叶	少许

银耳莲子羹

银耳和莲子是经典的养生搭配。
银耳莲子羹有清心安神、润燥滋补的作用，
它的制作方法简单，
添加桂花酱还可以为这道甜品增加更多风味。

作者 / 王光光

🍴 2~3人

⏱ 1小时 15分钟

🍲 22cm

主要食材

干莲子	30g
干银耳	15g

其他材料

枸杞	8g
冰糖	35g
桂花酱	适量

> **Tips**
>
> **聚会菜小诀窍**
>
> ◇ 聚会时我们通常会做很多菜肴，就难免会担心菜凉了的情况。有了保温、蓄热性能好的铸铁锅，这个问题就迎刃而解了！
>
> ◇ 使用铸铁锅烹饪，不仅可以节能、省时，还可以在较长时间内保温，确保聚会正式开始时有热腾腾的饭菜。同时，铸铁锅的颜值很高，宴客时可直接端上桌，部分铸铁锅的口径也较大，适合多人分享。

准备工作

1. 干莲子和干银耳分别放入凉水中，浸泡 1 小时。
2. 干银耳泡发后切去根部，再切成小朵。

制作步骤

1. 锅中放入泡好的莲子和处理好的银耳，倒入清水 1300 g。
2. 中火加热至沸腾。
3. 转小火，盖上锅盖，炖煮 1 小时。注意留缝，避免溢锅。
4. 打开锅盖，放入冰糖、枸杞和桂花酱，搅拌均匀，然后盖上锅盖，焖 2 分钟即可。